uni—texte

Studienbücher

G. Frühauf, Praktikum Elektrische Meßtechnik
für Elektrotechniker (3. und 4. Semester)

P. Guillery, Werkstoffkunde für Elektroingenieure
für Elektrotechniker (4. Semester)*

E. Henze / H. H. Homuth, Einführung in die Informationstheorie
für Mathematiker, Physiker und Elektrotechniker (3. Semester)

R. Jötten / H. Zürneck, Einführung in die Elektrotechnik I
für Elektrotechniker, Maschinenbauer und Wirtschaftsingenieure (1. bis 3. Semester)

G. Kempter, Organisch-chemisches Praktikum
für Chemiker, Biologen und Mediziner (3. Semester)

L. D. Landau / E. M. Lifschitz, Mechanik
für Mathematiker und Physiker (2. und 3. Semester)

W. Leonhard, Wechselströme und Netzwerke
für Elektrotechniker (3. Semester)

W. Leonhard, Einführung in die Regelungstechnik, Lineare Regelvorgänge
für Elektrotechniker, Physiker und Maschinenbauer (5. Semester)

W. Leonhard, Einführung in die Regelungstechnik, Nichtlineare Regelvorgänge
für Elektrotechniker, Physiker und Maschinenbauer (6. Semester)

K. Mathiak / P. Stingl, Gruppentheorie
für Chemiker, Physiko-Chemiker und Mineralogen (ab 5. Semester)

K.-A. Reckling, Mechanik I, II, III
für Studenten der Ingenieurwissenschaften (1. und 2. Semester)

K. Torkar / H. Krischner, Rechenseminar in Physikalischer Chemie
für Chemiker, Verfahrenstechniker und Physiker (ab 3. Semester)

In Vorbereitung

K. Brinkmann, Einführung in die elektrische Energiewirtschaft
für Elektrotechniker, Maschinenbauer und Wirtschaftsingenieure (ab 5. Semester)

H. Friedburg, Einführung in die elektrische Schaltungstechnik
für Elektrotechniker (3. Semester)

K.-B. Gundlach, Einführung in die Infinitesimalrechnung
für Mathematiker und Physiker (1. und 2. Semester)

R. Jötten / H. Zürneck, Einführung in die Elektrotechnik II
für Elektrotechniker, Maschinenbauer und Wirtschaftsingenieure (2. bis 4. Semester)

R. Jötten, Energieelektronik I, II
für Elektrotechniker (5. und 6. Semester)

D. Kind, Der elektrische Durchschlag
für Elektrotechniker (5. Semester)

E. Letzner, Grundbegriffe der Mathematik
für Mathematiker und Physiker (1. Semester)

R. Oswatitsch / E. Leiter, Strömungsmechanik
für Maschinenbauer, Physiker und Elektrotechniker (3. Semester)

K.-A. Reckling, Mechanik, Aufgabensammlung
für Studenten der Ingenieurwissenschaften (1. bis 3. Semester)

J. Ruge, Technologie der Werkstoffe
für Maschinenbauer und Elektrotechniker (3. Semester)

Ernst Henze / Horst H. Homuth

Einführung
in die
Informationstheorie

Studienbuch für
Informatiker, Mathematiker und
alle Naturwissenschaftler
ab 3. Semester

3., überarbeitete und erweiterte Auflage

Springer Fachmedien Wiesbaden GmbH

uni−text

Dr. rer. nat. *Ernst Henze*

o. Professor an der Technischen Universität Braunschweig

Dr. rer. nat. *Horst H. Homuth*

Akad. Rat am Institut für Angew. Mathematik
der Technischen Universität Braunschweig

3., überarbeitete und erweiterte Auflage von
Henze, Einführung in die Informationstheorie
Beiheft 3 · elektronische datenverarbeitung

Verlagsredaktion: Alfred Schubert, Willy Ebert

ISBN 978-3-322-98543-9   ISBN 978-3-322-98542-2 (eBook)
DOI 10.1007/978-3-322-98542-2

1970

Schrift: Press Roman und Univers

Umschlaggestaltung: Peter Kohlhase, Lübeck

Best.-Nr. 3006

Vorwort

Dieses nun in dritter Auflage vorgelegte kleine Buch, das bisher als Beiheft 3 der ‚elektronische datenverarbeitung' erschienen war, ist aus Vorlesungen über Informationstheorie entstanden, die einer der Verfasser an der Technischen Hochschule Stuttgart und an der Technischen Universität Braunschweig gehalten hat. Es entspringt der Absicht, den Leser in die Grundlagen der Informationstheorie einzuführen und dabei eine einheitliche Bezeichnungs- und Darstellungsweise zu verwenden.

Dieses Buch lehnt sich an bekannte grundlegende Arbeiten von *Shannon, McMillan, Feinstein, Chintschin* u. a. an; es wurde hier angestrebt, aus der Fülle des Materials nur den Stoff zu behandeln, der einmal zur Darstellung der eigentlichen Grundideen unbedingt notwendig ist und der zum anderen ein weiteres Eindringen in das Gebiet der Informationstheorie ermöglicht. Eine kurze Einführung bringt die wesentlichsten Hilfsmittel aus der Wahrscheinlichkeitstheorie, ohne die das Studium der Informationstheorie unmöglich ist.

Die dritte Auflage unterscheidet sich wesentlich stärker von den vorhergehenden, als diese untereinander. Es wurden einige Abschnitte neu aufgenommen, wie der Beweis des Satzes von *McMillan,* andere neu geschrieben, wie zum Beispiel der Abschnitt über die mathematischen Grundlagen. Wir hoffen, das Buch damit abgerundet und verbessert zu haben.

E. Henze   *H. H. Homuth*

Braunschweig, im Mai 1970

Inhaltsverzeichnis

1. Einleitung

1.1. Ziele der Informationstheorie, Überblick

Inhalt der Informationstheorie, deren Ursprung Probleme der Nachrichtentechnik sind, ist die mathematische Behandlung von Fragen, die bei der Speicherung, Umformung und Übermittlung von Information auftreten. Wesentliches mathematisches Hilfsmittel ist die Wahrscheinlichkeitstheorie — in diesem Sinne ist die Informationstheorie ein neuerer Zweig der Wahrscheinlichkeitstheorie. Wir werden im folgenden die Aufgabe der Informationstheorie auch mit dem entsprechenden und am nächsten liegenden nachrichtentheoretischen Modell beschreiben.

Nachrichten (im allgemeinsten Sinne) werden von einer Nachrichtenquelle gesendet und in einem Empfänger aufgenommen. Ist diese Nachrichtenübertragung nun störungsfrei möglich, so ist es im allgemeinen nicht schwierig, von der empfangenen Nachricht auf die gesendete Nachricht zu schließen. In der Regel jedoch ist bei technischen Systemen eine solche Nachrichtenübertragung nicht ohne Störungen, ohne Rauschen, zu realisieren; man kann dann aus der empfangenen Nachricht nur mit einer gewissen Wahrscheinlichkeit auf die gesendete Nachricht schließen. Das Grundproblem der Nachrichtenübermittlung besteht also darin, am Empfangsort auf die gesendete Nachricht zu schließen und die Irrtumswahrscheinlichkeit dabei möglichst klein zu machen.

Ein Nachrichtenübertragungssystem besteht schematisch aus mehreren Teilen, wobei aber die Trennung in die einzelnen Teile willkürlich ist:

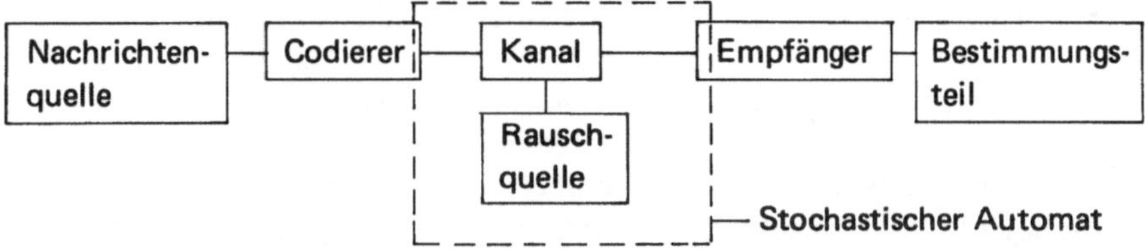

Die einzelnen Teile haben folgende Funktionen:

1. *Nachrichtenquelle:* sie produziert eine Folge von Nachrichten, die zum empfangenden Teil übertragen werden sollen. Die einzelne Nachricht kann eine diskrete oder stetige Zeitfunktion sein, wie sie in der Physik, Elektrotechnik usw. auftreten. Sie kann außer von der Zeit noch von einer oder von mehreren Koordinaten oder nur von nichtzeitlichen Variablen abhängen, es kann sich allgemein um eine endliche Folge oder einen Vektor von Funktionen, die von der Zeit bzw. von endlich vielen Parametern (Koordinaten o.ä.) abhängen, handeln.

2. *Codierer:* hier wird aus der Nachricht ein übertragbares Signal gemacht, d.h. ein Signal, das der Kanal in den Empfänger übertragen kann.

3. *Kanal:* er ist das vermittelnde Medium zwischen Sender und Empfänger. Alle Störungen, die das zu übertragende Signal und damit die zu übertragende Nachricht erfährt, sollen im Kanal einwirken, sie kommen aus einer sogenannten *Rauschquelle.*

4. *Empfänger:* er empfängt das am Ende des Kanals ankommende Signal und macht eventuell die inverse Operation wie der Codierer, er stellt aus dem Signal wieder eine — nicht notwendig in der Menge der möglichen Signale der Nachrichtenquelle enthaltene — Nachricht her.

5. *Bestimmungsteil: (Decodierer)* hier ist die die Nachricht vom Empfänger abnehmende Stelle, die die Nachricht erhalten und auswerten soll.

Die Nachrichtenquelle sendet eine Folge von Nachrichten. Es liegt nun nahe, zu versuchen, ein Maß für die ‚Menge' an Information anzugeben, die in einer Nachricht (in einer Symbolfolge) enthalten ist; man muß dabei natürlich Form und Inhalt der Nachricht außer acht lassen. Gemessen wird die Informationsmenge, die in einer Nachricht enthalten ist, durch die Anzahl der Zeichen, die man zu ihrer gedrängtesten (d.h. kürzesten) Formulierung benötigt. Es ist dabei manchmal zweckmäßig, die Nachrichten unter Verwendung des Binärsystems zu codieren (Binärcode), so daß hier jede Nachricht schließlich aus einer Folge von Nullen und Einsen besteht.

Die Einheit der Information, *‚bit' (binary digit),* mißt dann die Information, die angibt, ob eine Ziffer den Wert 0 oder 1 annimmt. Jede Information kann als Kennzeichnung eines gewissen Elementes einer Menge M, der Menge der möglichen Nachrichten, aufgefaßt werden. Nehmen wir an, M sei eine endliche Menge und enthalte $N = 2^n$ Elemente (mögliche Nachrichten). Die Größe der durch eine Nachricht erhaltenen Information hängt nun offenbar davon ab, wie viele Elemente M enthält; d.h. als Maß für die Information kann man eine monotone Funktion von N wählen. Zur Angabe eines Elementes von M genügt eine n-gliedrige Folge von Nullen und Einsen, d.h. eine Information aus n Einheiten. Jede Nachricht hat dann den Informationsgehalt $n = \log_2 N$ [bit]. Diese Überlegung hat *Hartley* (1928) dazu geführt, die zur Charakterisierung eines Elements der Nachrichtenmenge M nötige Information H allgemein durch

$$H = \log N$$

zu messen, also auch dann, wenn N keine Zweierpotenz ist.

Vorausgesetzt war hier bisher noch, daß alle Nachrichten der Menge M gleichwahrscheinlich sind, d.h. ‚mit gleicher Häufigkeit' auftreten. Ist das nicht der Fall, so führen ähnliche Überlegungen (vgl. 2.1) auf eine andere Formel, die auf *Shannon* (vgl. [22]) zurückgeht und auch nach ihm benannt wird. Auf der Menge M ist dann natürlich eine Wahrscheinlichkeitsverteilung (für die möglichen Nachrichten) gegeben, so daß man schließlich in einer weiteren Abstraktion von der Information im Mittel — genauer von dem mittleren Maß der Information — spricht, die in einer Wahrscheinlichkeitsverteilung enthalten ist;

man nennt dieses Maß, den mittleren Informationsgehalt, auch *Entropie* (einer Wahrscheinlichkeitsverteilung) — der Begriff stammt aus der Thermodynamik. Sie ist ein Maß für die Unbestimmtheit, die in der Wahrscheinlichkeitsverteilung liegt; die Information (der Informationsgewinn des Versuches) ist dann die Beseitigung dieser Unbestimmtheit, dadurch, daß man weiß, wie ein durchgeführter Versuch ausgegangen ist. Die Entropie mißt den mittleren Informationsgewinn, den Erwartungswert des Informationsgewinnes bei allen möglichen Versuchsausgängen.

Im folgenden soll ein kurzer Überblick über die wichtigsten Ziele gegeben werden, die im Verlauf der hier durchgeführten Betrachtungen erreicht werden sollen. An grundlegender Literatur seien die Arbeiten [4], [5], [7], [8], [11], [14] und [22] genannt.

Im ersten Abschnitt wird die Entropie definiert und es werden Entropien für bedingte Wahrscheinlichkeiten (sog. bedingte Entropien) eingeführt und einige fundamentale Ungleichungen für die Entropie bewiesen. Abschließend ergibt sich als Höhepunkt dieses Abschnittes der Eindeutigkeitssatz für die Entropie, der zeigt, daß bei vernünftigen und naheliegenden Forderungen an ein Maß für die Unbestimmtheit bzw. die Information sich bis auf eine multiplikative Konstante der zunächst willkürlich eingeführte Ansatz für die Entropie ergibt.

Im zweiten Abschnitt werden wir den Begriff der Nachrichtenquelle präzisieren. Es wird sich zeigen, daß diese durch ein ‚Alphabet‘, das ist eine endliche Menge möglicher Zeichen oder Symbole, die die Quelle als Elementarwertevorrat hat, und durch ein Wahrscheinlichkeitsmaß für die aus diesen ‚Buchstaben‘ des Alphabets aufgebauten Nachrichten — das sind unendliche Folgen von Buchstaben des Alphabets — charakterisiert ist. Wir werden nur diskrete Quellen untersuchen, was ja aus dem eben Gesagten schon hervorgeht. Es wird dann die stationäre Quelle betrachtet, bei der die wahrscheinlichkeitstheoretischen Aussagen über die Natur der Quelle zeitlich invariant sind, ferner die ergodische Quelle, bei der keine echten invarianten Untermengen ihres Wertevorrates existieren, sondern nur solche, die das Maß Null oder Eins haben. Mit anderen Worten heißt das, daß zeitliche Verschiebungen nur solche Nachrichtenmengen invariant lassen, die mit der Wahrscheinlichkeit Null oder Eins auftreten. Schließlich wird die Entropie der Quelle definiert und untersucht.

Der dritte Abschnitt beschäftigt sich mit dem Übertragungskanal. Der Übertragungskanal ist mathematisch charakterisiert durch ein Eingangsalphabet, ein Ausgangsalphabet und eine Familie von Wahrscheinlichkeitsverteilungen, d.h. Wahrscheinlichkeiten, daß die am Kanalende empfangene Nachricht in einer bestimmten Menge S liegt, wenn eine bestimmte Nachricht x gesendet wurde (vgl. dazu die Def. des stochastischen Automaten). Es ist hierbei natürlich vorausgesetzt, daß in dem Kanal Störungen wirken, wäre das nicht so, so würde doch jeder Eingangsnachricht genau eine Ausgangsnachricht entsprechen und man hätte völlig bestimmte Verhältnisse. Man spricht außerdem davon, daß ein Kanal mit oder

ohne Vorgriff arbeitet, wenn die Wahrscheinlichkeit für einen bestimmten Buchstaben
am Ausgang des Kanals von Buchstaben am Eingang abhängt oder nicht abhängt, die nach
dem zu dem Ausgangsbuchstaben gehörenden Eingangsbuchstaben liegen. Sei also

$$x = \{ \ldots\ x_{-2}, x_{-1}, x_0, x_1, x_2 \ldots \}$$

die Folge von Eingangsbuchstaben, die Eingangsnachricht und

$$y = \{ \ldots y_{-2}, y_{-1}, y_0, y_1, y_2 \ldots \}$$

die zugehörige Ausgangsnachricht, so hat der Kanal einen Vorgriff, wenn die Wahrscheinlichkeit

$$P \{ y_0 = a \mid x \}$$

von $\ldots x_{-1}, x_0, x_1, x_2, \ldots x_m$ abhängt, hängt sie nur von $\ldots, x_{-1}, x_0$ ab, so spricht
man von einem Kanal ohne Vorgriff.

Nur letztere wollen wir hier betrachten. Man sagt ferner, der Kanal hat das endliche Gedächtnis der Länge m, wenn die obige Wahrscheinlichkeit außer von x_0 noch wirklich von
$x_{-1}, x_{-2}, \ldots, x_{-m}$ abhängt; für m = 1 erinnert das an die bekannte Definition einer
Markoffschen Kette. Man nennt einen Kanal stationär, wenn die wahrscheinlichkeitstheo-
retische Charakterisierung nicht von der Zeit abhängt.

Im nächsten Teil geht es dann um die Verbindung eines Kanals mit der ihn speisenden
Quelle, hier muß man daran denken, daß Quelle und Kanal unter Umständen verschiedene
Alphabete haben, daß also der Kanal gar nicht ohne weiteres in der Lage ist, die von der
Quelle gelieferten Nachrichten direkt zu übertragen. Es muß dann dafür gesorgt werden,
daß in einem Übertrager oder in einer Codiereinrichtung das Alphabet der Quelle in ein
Alphabet abgebildet wird, das als Eingangsalphabet des Kanals geeignet ist. Diesen Vorgang
nennt man Codierung. Beispiele sind der Fernschreiber, die Morsetaste usw. Es ist wohl —
besonders bei Betrachtung des letzten Beispieles — klar, daß hierbei unter Umständen
durch die Umcodierung in ein ‚langsameres' Alphabet Zeit verloren wird, und zwar bei
länger werdenden Nachrichten immer mehr Zeit. Die Übertragungsgeschwindigkeit — in
verallgemeinertem Sinne, wie wir sehen werden — des Kanals, deren obere Grenze für alle
möglichen ihn speisenden Quellen man Durchlaßkapazität oder Kanalkapazität nennt, ist
eine wichtige Größe und sie ist mit der Entstehungsgeschwindigkeit der Nachricht zu ver-
gleichen, d.h. mit der Menge an gesendeter Information.
Hier sind wir nun bereits beim Kernpunkt der Informationstheorie, bei den zwei *Shannon*-
schen Sätzen. Der erste Satz von *Shannon* sagt aus, daß ein stationärer Kanal ohne Vorgriff und eine ergodische Quelle im Falle, daß die Kanalkapazität größer als die Entropie
der Quelle ist, d.h. die obere Grenze aller Übertragungsgeschwindigkeiten in bezug auf
alle zugelassenen Quellen oberhalb der Entropie der augenblicklich angeschlossenen
Quelle liegt (die ja nicht in dem Sinne optimal sein muß, daß diese obere Grenze vom

Kanal gerade bei Verbindung mit dieser Quelle erreicht wird) stets so aneinander angeschlossen werden können, daß mit Hilfe einer geeigneten Codierung aus einer Nachricht am Ausgang des Kanals mit einer Wahrscheinlichkeit, die beliebig nahe an Eins liegt, auf die gesendete Nachricht geschlossen werden kann.

Die Frage nach der dabei eventuell entstehenden Verzögerung der Informationsübertragung behandelt der zweite *Shannon*sche Satz, der aussagt, daß man unter den genannten Voraussetzungen einen Code so finden kann, daß die Übertragungsgeschwindigkeit außerdem der Entropie der angeschlossenen Quelle beliebig nahe kommt.

Im Laufe unserer Betrachtungen werden wir sehen, daß diese Ergebnisse nicht ganz leicht zu gewinnen sind, zum anderen sind sie bei genauerer Betrachtung überraschend. Denkt man an die obigen Beispiele zurück, so ergibt sich doch, daß man bei gegebener Quelle und bei gegebenem Kanal, der bei irgendeiner anderen Quelle seine obere Grenze der Übertragungsgeschwindigkeit, seine Durchlaßkapazität, erreicht, unter der Voraussetzung, daß diese größer ist, als die Entstehungsgeschwindigkeit der Information, eine Übertragungsart, einen Code, so finden kann, daß die volle Information übertragen wird.

1.2. Mathematische Hilfsmittel

In diesem Abschnitt soll zunächst in anschaulicher Weise der Begriff des Ereignisses und der Ereignisalgebra eingeführt werden. Dann wird zur Mengenalgebra übergegangen und das *Kolmogoroff*sche Axiomensystem der Wahrscheinlichkeitsrechnung angegeben.

Gegeben sei eine Versuchsanordnung o.ä., wobei die möglichen Ausgänge eines Versuches vom Zufall abhängen. Es werden nur Versuchsausgänge betrachtet, die einfach, nicht irgendwie zusammengesetzt sind; es können dann endlich, abzählbar-unendlich oder überabzählbar viele mögliche bzw. denkbare einfache Versuchsausgänge vorliegen. Jedem einfachen Versuchsausgang — man nennt ihn *Elementarereignis* — ordnet man ein Element ω einer (Elementar-)*Ereignismenge* Ω zu. Jede Untermenge A dieser Ereignismenge Ω ($A \subset \Omega$) heißt *Ereignis;* A besteht also aus allen Elementarereignissen ω, die in A liegen:

$$A = \{\, \omega \mid \omega \in A \,\}. \tag{1}$$

Aus Ereignissen — bezeichnet mit $A_1, A_2, \ldots, A_i, \ldots$ — bildet man ein *Ereignissystem* E (das ist eine Teilmenge der Potenzmenge von Ω). In der folgenden Weise erklärt man Vereinigung, Durchschnitt und Differenz von Ereignissen:

1. die *Vereinigung*

$$A_i \cup A_k \tag{2}$$

ist das Ereignis, das aus allen Elementarereignissen besteht, die zu A_i oder zu A_k oder zu beiden gehören,

2. der *Durchschnitt*

$$A_i \cap A_k = A_i A_k \tag{3}$$

ist das Ereignis, das aus allen Elementarereignissen besteht, die sowohl zu A_i als auch zu A_k gehören,

3. die *Differenz*

$$A_i - A_k \tag{4}$$

ist das Ereignis, das aus allen Elementarereignissen besteht, die zu A_i, aber nicht zu A_k gehören.

Das Ereignis, das kein Elementarereignis enthält, wird mit ϕ bezeichnet und *leeres Ereignis* oder *unmögliches Ereignis* genannt. Die Ereignismenge Ω heißt auch *sicheres Ereignis*.

Mit diesen Begriffsbildungen kann man ein Ereignissystem **E** so aufbauen, daß es eine *Ereignisalgebra* wird (der Begriff Ereignisalgebra wird hier nicht näher erläutert, vgl. z.B. *Renyi* [16]).

Oben wurde schon von Ereignismengen gesprochen; man kann dazu übergehen, nur noch von Mengen zu sprechen und den Wortteil ‚Ereignis' zu unterdrücken. Der Hintergrund ist dabei folgender: Man betrachtet eine abstrakte Menge Ω (die Basismenge) und ein System von Teilmengen, das eine Mengenalgebra bildet (eine spez. Mengenalgebra, die σ-Algebra, wird im folgenden gleich definiert). Für den Zusammenhang von Ereignis- und Mengenalgebren gilt dann der Satz von *Stone:* „Jede Ereignisalgebra läßt sich einer Mengenalgebra isomorph zuordnen" (vgl. [16]). Die Begriffe ‚Ereignis' und ‚Menge' werden daher von jetzt an als synonym angesehen.

Gegeben sei also ein System **B** von Teilmengen der Basismenge Ω. $\mathbf{B} = \mathbf{B}_\Omega$ heißt eine *σ-Algebra* über Ω, wenn

1. $\Omega \in \mathbf{B}$,
2. $A \in \mathbf{B} => \Omega - A = \bar{A} \in \mathbf{B}$,
3. $\{A_i\}_1^\infty$, $A_i \in \mathbf{B} \; \forall i => \bigcup_{i=1}^\infty A_i \in \mathbf{B}$ [1]).

Nun kann der Begriff der Wahrscheinlichkeit eingeführt werden; dabei wird hier das *Kolmogoroff*sche Axiomensystem (1933) benutzt:

B sei eine σ-Algebra über Ω; zu jedem $A \in \mathbf{B}$ wird eine reelle Zahl $P(A)$ erklärt, die *Wahrscheinlichkeit* (des Ereignisses A) oder das *Wahrscheinlichkeitsmaß* (von A), die folgenden Bedingungen genügt:

1. $P(A) \geqslant 0$,
2. $P(\Omega) = 1$,
3. $A_i \in \mathbf{B} \; \forall i; \; A_i A_k = \phi, i \neq k; \; A = \bigcup_i A_i => P(A) = \sum_i P(A_i)$ (σ-Additivität von P).

---

[1]) Wir verwenden die logischen Symbole: $\forall$: für alle, $\exists$: es existiert (mindestens) ein, $\Rightarrow$: daraus folgt, es folgt, $\Leftrightarrow$: ist äquivalent mit.

Das Tripel $(\Omega, \mathbf{B}, P)$ aus der Basismenge Ω, der σ-Algebra $\mathbf{B}$ und dem Wahrscheinlichkeitsmaß P heißt *Wahrscheinlichkeitsraum* (W-Raum). Ist die Anzahl der Ereignisse von $\mathbf{B}$ endlich, so liegt ein endlicher W-Raum vor.

Eine weitere Definition ist noch wichtig: Man nennt eine abzählbare Menge von Ereignissen $\{A_i \mid A_i \in \mathbf{B}\}$ ein vollständiges Ereignissystem (eine vollständige Ereignisdisjunktion), wenn

$$A_i A_k = \phi, \quad i \neq k \tag{5}$$

ist (d.h. die Ereignisse einander ausschließen) und für das Ereignis $A = \underset{i}{\cup} A_i = \underset{i}{\Sigma} A_i$

$$P(A) = 1 \tag{6}$$

gilt (man beachte: A kann eine echte Teilmenge von Ω sein).

Die meisten Wahrscheinlichkeiten bei praktisch auftretenden Aufgaben sind nun *bedingte* Wahrscheinlichkeiten. Die bedingte Wahrscheinlichkeit für das Ereignis $A \in \mathbf{B}$ unter der Bedingung des Eintretens des Ereignisses $B \in \mathbf{B}$ wird definiert durch

$$P(A \mid B) = P(AB)/P(B). \tag{7}$$

Es wird dabei natürlich $P(B) > 0$ vorausgesetzt.

$P(A \mid B)$ ist ein neues W-Maß auf $\mathbf{B}$. Man kann zeigen, daß es dem *Kolmogoroff*schen Axiomensystem genügt, d.h. man kann mit $P(A \mid B)$ wie mit (absoluten) Wahrscheinlichkeiten rechnen.

Hat man ein vollständiges Ereignissystem $\{A_i\}$ mit

$$A_i A_k = \phi \ (i \neq k); \ \underset{i}{\cup} A_i = \Omega; \ P(A_i) > 0 \ \forall \, i, \tag{8}$$

so gilt offensichtlich für jedes Ereignis $B \in \mathbf{B}$

$$B = B\,\Omega = \underset{i}{\cup} BA_i, \tag{9}$$

(d.h. B tritt stets mit einem der untereinander unvereinbaren Ereignisse A_i ein). Dann gilt der Satz über die vollständige Wahrscheinlichkeit:

$$P(B) = \underset{i}{\Sigma} P(BA_i) = \underset{i}{\Sigma} P(B \mid A_i) \, P(A_i). \tag{10}$$

Die nächsten wichtigsten Begriffe sind die der Zufallsvariablen, der Verteilungs- und Dichtefunktionen.

Ω sei eine Ereignismenge, ω ihre Elementarereignisse und $\mathbf{B}$ sei eine σ-Algebra über Ω. Eine reellwertige Funktion

$$\xi = \varphi(\omega)$$

dieser Elementarereignisse heißt *Zufallsvariable* (ZV), falls für jede Borel-meßbare Menge [1]
A_ξ (also eine Menge von Werten ξ) die Menge der Urbildereignisse $A_\omega = \{\omega \mid \varphi(\omega) \in A_\xi\}$
zu **B** gehört. Man definiert dann natürlich

$$P(\xi \in A_\xi) = P(A_\omega). \tag{12}$$

Ein durchgeführtes Experiment führt zu einem bestimmten Ausgang ω und damit zu
einer *Realisierung*

$$x = \varphi(\omega) \tag{13}$$

der ZV ξ.

Nunmehr kann man die *Verteilungsfunktion* (VF) definieren: Sei $\xi = \varphi(\omega)$ eine ZV auf
$(\Omega, \mathbf{B}, P)$; dann heißt die Funktion

$$F(x) = P(\xi < x) = P(\{\omega \mid \varphi(\omega) < x\}) \tag{14}$$

die Verteilungsfunktion der ZV ξ. Sie ist eine monoton nichtfallende und von links stetige
Funktion von x mit höchstens abzählbar vielen Sprungstellen; es gilt

$$F(-\infty) = 0, F(\infty) = 1. \tag{15}$$

Ist die VF F (x) einer ZV ξ nun differenzierbar (nach x), so heißt die Ableitung

$$f(x) = \frac{d}{dx} F(x) \tag{16}$$

die *Wahrscheinlichkeitsdichte* (oder kurz *Dichte)* [2] der ZV ξ. f (x) dx kann anschaulich
interpretiert werden als die Wahrscheinlichkeit, daß die ZV ξ im infinitesimalen Intervall
$[x, x + dx)$ liegt.

Der *Erwartungswert* der ZV ξ wird definiert durch

$$E(\xi) = \int_{-\infty}^{\infty} x \, dF(x) = \int_{-\infty}^{\infty} x \, f(x) \, dx \tag{17}$$

(letzteres, wenn die Dichte existiert). Er existiert genau dann, wenn

$$\int_{-\infty}^{\infty} |x| \, dF(x) < \infty$$

---

[1] Der Begriff Borel-meßbare Menge kann hier nicht näher erläutert werden.

[2] Genauer: eine Dichte existiert schon, wenn die VF absolut stetig ist.

ist. Als *n-tes Moment* bezeichnet man den Ausdruck

$$E(\xi^n) = \int_{-\infty}^{\infty} x^n \, dF(x) \tag{18}$$

(wieder muß hier $\int_{-\infty}^{\infty} |x^n| \, dF(x) < \infty$ sein). Der Erwartungswert ist natürlich das erste Moment. Die *Varianz* (oder Streuung) wird — unter der üblichen Konvergenzbedingung — definiert durch

$$D^2(\xi) = E\{(\xi - E(\xi))^2\} = \int_{-\infty}^{\infty} (x - E(\xi))^2 \, dF(x) = E(\xi^2) - (E(\xi))^2. \tag{19}$$

Zum Schluß dieses Abschnittes soll noch eine kurze Definition des stochastischen Prozesses gebracht werden. Ein *stochastischer Prozeß* ist ein von einem Parameter — hier und in Anwendungen oft von der Zeit — abhängiger *Zufallsprozeß*. Im allgemeinen kann ein stochastischer Prozeß allerdings von mehreren Parametern abhängen.

Gegeben sei ein W-Raum $(\Omega, \mathbf{B}, P)$ mit den Elementarereignissen ω und eine (Index-) Menge T von Parameterwerten t. Eine unendliche Familie von Zufallsvariablen

$$\{\xi_t, t \in T\} = \{\xi_t(\omega), t \in T\} \tag{20}$$

heißt ein stochastischer Prozeß, wenn für beliebige $n > 0$ die n-dimensionalen VF'nen

$$F_{t_1, t_2, \ldots, t_n}(x_1, x_2, \ldots, x_n) = P(\xi_{t_1} < x_1, \xi_{t_2} < x_2, \ldots, \xi_{t_n} < x_n) \tag{21}$$

existieren. Dabei müssen die (zusammengehörigen) t_i, x_i permutiert werden können, ohne daß die VF sich ändert und es muß außerdem für alle m mit $1 \leqslant m \leqslant n$

$$F_{t_1, \ldots, t_m, t_{m+1}, \ldots, t_n}(x_1, \ldots, x_m, \infty, \ldots, \infty) = F_{t_1, \ldots, t_m}(x_1, \ldots, x_m)$$

gelten.

2. Die Entropie

2.1. Die Entropie eines endlichen Wahrscheinlichkeitsraumes

Gegeben sei ein endlicher Wahrscheinlichkeitsraum $A = (\Omega, \mathbf{B}, P)$ mit der Ereignismenge

$$\Omega = \{\, \omega_i; \; i = 1,2, \ldots, n \,\} \tag{1}$$

und den entsprechenden Wahrscheinlichkeiten

$$P(\omega_i) = p_i, \tag{2}$$

$$p_i \geqslant 0, \sum_{i=1}^{n} p_i = 1.$$

Jeder Wahrscheinlichkeitsraum, jeder dem Zufall unterworfene Versuch enthält nun definitionsgemäß eine gewisse Unbestimmtheit. Man kann eben vor Beobachtung und Erkennung des Versuchsausganges nicht sagen, welches Resultat erhalten wird. Offensichtlich hängt aber diese Unbestimmtheit von der Größe der Wahrscheinlichkeiten ab, man wird bei

$$p_1 = 0{,}99, \; p_2 = 1 - p_1 \tag{3}$$

eine geringere Unbestimmtheit des Versuchsausganges sehen, als bei

$$p_1 = p_2 = 0{,}5, \tag{4}$$

bei

$$p_1 = 0{,}7, \; p_2 = 1 - p_1 \tag{5}$$

wird das Maß der Unbestimmtheit zwischen denen der Versuche (3) und (4) liegen.

Als Maß für die Unbestimmtheit des endlichen Wahrscheinlichkeitsraumes werden wir die *Entropie* dieses Raumes einführen, sie ist ein Maß für den Grad an Unbestimmtheit, der bei Kenntnis eines speziellen Versuchsausganges beseitigt ist, also für die Information, die in der Kenntnis des Versuchsausganges liegt. Sie lautet mit den Beziehungen (2):

$$H(A) = H(p_1, p_2, \ldots, p_n) = - \sum_{k=1}^{n} p_k \log_2 p_k. \tag{6}$$

Es ist dabei $H(0, \ldots, 0, 1, 0, \ldots, 0) = 0$, denn jede Unbestimmtheit fehlt hier.
Weil einerseits oft eine Binärcodierung verwandt wird, andererseits aus historischen Gründen wählt man den Logarithmus zur Basis 2; die Wahl einer anderen Basis bedeutet ja nur die Multiplikation mit einem konstanten Faktor.

Zunächst einmal kann man leicht sehen, daß die Größe (6) eine Eigenschaft aufweist, die man von einem vernünftigen Maß für die Unbestimmtheit und damit für die Informationsmenge, die man bei Kenntnis des Versuchsausganges bekommt, fordern muß. Sicher hat ein System (1), (2) dann den höchsten Grad von Unbestimmtheit, wenn wahrscheinlichkeitstheoretisch eine Gleichverteilung vorliegt, also

$$p_i = \frac{1}{n}, \quad i = 1, 2, \ldots, n \tag{7}$$

gilt. Für diesen Fall muß unsere Entropie (6) ihr Maximum annehmen. Im Falle zweier Ereignisse des Wahrscheinlichkeitsraumes, die mit den Wahrscheinlichkeiten p und $1-p$ auftreten, folgt sofort

$$H(p, 1-p) = -p \cdot \log p - (1-p) \cdot \log(1-p)$$

und daraus durch Differentiation und Nullsetzen, wobei wir hier und in Zukunft den Index 2 am Logarithmus fortlassen, aber alle Logarithmen zur Basis 2 nehmen

$$\log\left(\frac{1}{p} - 1\right) = 0, \quad \text{d.h. } p = \frac{1}{2};$$

die zweite Ableitung ist negativ, nämlich proportional $\dfrac{-1}{p(1-p)}$.

Für den Fall mehrerer Ereignisse denken wir zunächst daran, daß $\varphi(x) = + x \log x$ eine konvexe Funktion ist, d.h.

$$\varphi\left(\frac{t_1 + t_2}{2}\right) \leq \frac{1}{2}\left(\varphi(t_1) + \varphi(t_2)\right)$$

gilt. Nach *Jensen* [1]) ist dann auch

$$\varphi\left(\frac{1}{n}\sum_{k=1}^{n} x_k\right) \leq \frac{1}{n}\sum_{k=1}^{n} \varphi(x_k), \quad x_k \geq 0. \tag{8}$$

Setzt man jetzt $x_k = p_k$ und $\varphi(x) = x \log x$ ein, so ist

$$\varphi\left(\frac{1}{n}\right) = \frac{1}{n}\log\frac{1}{n} \leq \frac{1}{n}\sum_{i=1}^{n} p_i \log p_i = -\frac{1}{n} H(p_1, p_2, \ldots, p_n),$$

d.h.

$$H(p_1, p_2, \ldots, p_n) \leq \log n = H\left(\frac{1}{n}, \frac{1}{n}, \ldots, \frac{1}{n}\right) \tag{9}$$

---

[1]) Acta Math. 30 (1906), 175.

Bevor wir nun die Eigenschaften der Entropie weiter studieren, soll noch der Fall mehrerer endlicher Wahrscheinlichkeitsräume studiert werden.

Nehmen wir an, es seien zwei endliche Wahrscheinlichkeitsräume A und B mit den Ereignismengen

$$\Omega_1 = \{\omega_i^1; \ i = 1, 2, \ldots, n\} \text{ und } \Omega_2 = \{\omega_k^2; \ k = 1, 2, \ldots, m\}$$

und den entsprechenden Wahrscheinlichkeiten

$$P(\omega_i^1) = p_i, \ P(\omega_k^2) = q_k,$$

$$\sum_{i=1}^{n} p_i = 1, \ \sum_{k=1}^{m} q_k = 1$$

gegeben. Sind diese Ereignisse und damit diese Räume im Sinne der Wahrscheinlichkeitsrechnung unabhängig voneinander, so ist die Wahrscheinlichkeit p_{ik}, daß $\omega_i^1 \in \Omega_1$ und $\omega_k^2 \in \Omega_2$ auftritt, gegeben durch $p_{ik} = p_i q_k$. Damit ist die Entropie des kartesischen Produktes $\Omega_1 \times \Omega_2$, das aus allen Ereignispaaren (ω_i^1, ω_k^2) aufgebaut wird, gegeben durch

$$H(A \times B) = -\sum_{i,k} p_{ik} \log p_{ik} = -\sum_{i,k} p_i q_k \log p_i q_k =$$

$$= -\left(\sum_{k=1}^{m} q_k\right) \sum_{i=1}^{n} p_i \log p_i - \left(\sum_{i=1}^{n} p_i\right) \sum_{k=1}^{m} q_k \log q_k,$$

d.h.

$$H(A \times B) = H(A) + H(B). \tag{10}$$

Führt man nun zufällige Variable ein, wobei x auf Ω_1, y auf Ω_2 definiert ist und die Wahrscheinlichkeitsverteilung durch

$$P(x = x_i) = p_i; \ P(y = y_k) = q_k \tag{11}$$

gegeben ist, so kann man (10) in der Form

$$H(x, y) = H(x) + H(y) \tag{12}$$

schreiben.

Sind die Wahrscheinlichkeitsräume A und B abhängig voneinander, so sei die bedingte Wahrscheinlichkeit

$$P(\omega_k^2 \mid \omega_i^1) = p_{ik}, \quad \sum_{k=1}^{m} p_{ik} = 1 \tag{13}$$

für alle i, so daß

$$P(\omega_i^1 \cap \omega_k^2) = p_i p_{ik}$$

gilt.

Dann ist offensichtlich

$$H(A \times B) = -\sum_{i,k} p_i\, p_{ik}\, (\log p_i + \log p_{ik}),$$

$$H(A \times B) = -\sum_{i=1}^{n} p_i \log p_i \left(\sum_{k=1}^{m} p_{ik} \right) - \sum_{i=1}^{n} p_i \left(\sum_{k=1}^{m} p_{ik} \log p_{ik} \right), \text{ d.h.}$$

$$H(A \times B) = H(A) + E_A \left\{ -\sum_{k=1}^{m} p_{ik} \log p_{ik} \right\} \tag{14}$$

Der zweite Term in (14) stellt einen Erwartungswert über den *bedingten Informationsgehalt*

$$H(B \mid \omega_i^1) = -\sum_{k=1}^{m} p_{ik} \log p_{ik} \tag{15}$$

dar. Den Erwartungswert selbst nennt man dann die *bedingte Entropie* oder den mittleren Informationsgehalt des Wahrscheinlichkeitsraumes B, wenn irgendein Ereignis aus A realisiert wurde, man schreibt

$$H(B \mid A) = -\sum_{i=1}^{n} p_i \left(\sum_{k=1}^{m} p_{ik} \log p_{ik} \right) \tag{16}$$

und damit wird aus (14)

$$H(A \times B) = H(A) + H(B \mid A). \tag{17}$$

Analog gilt natürlich auch

$$H(A \times B) = H(B) + H(A \mid B). \tag{18}$$

Man kann die Beziehungen (17) und (18) in Worten so interpretieren:

Die Menge an Information, die aus der Realisierung zweier endlicher Wahrscheinlichkeitsräume hervorgeht — aus der Durchführung zweier Versuche auf zwei endlichen Ereignismengen — ist gleich der Information, die aus der Kenntnis des Versuchsausganges auf einem Raum allein folgt, vermehrt um die Information, die bei Kenntnis des Versuchsausgangs auf dem anderen Raum folgt, unter der Bedingung, daß ein beliebiges Ereignis des zuerst betrachteten Raumes eingetreten ist.

Aus der für beliebige stetige konvexe Funktionen gültigen Ungleichung

$$\sum_i \lambda_i \, \varphi(x_i) \geqslant \varphi \left(\sum_i \lambda_i x_i \right),$$
$$\lambda_i \geqslant 0, \ \sum_i \lambda_i = 1$$

folgt für $\varphi(x) = x \log x$ mit $\lambda_i = p_i$; $x_i = p_{ik}$ noch

$$\sum_i p_i \, p_{ik} \log p_{ik} \geqslant \left(\sum_i p_i \, p_{ik} \right) \log \left(\sum_i p_i \, p_{ik} \right) = q_k \log q_k.$$

Summiert man nun noch über k, so folgt

$$\sum_k \sum_i p_i \, p_{ik} \log p_{ik} = - \sum_i p_i \, H(B \mid \omega_i^1) = - H(B \mid A),$$

und damit folgt schließlich

$$H(B \mid A) \leqslant H(B), \tag{19}$$

in Worten: Die Information, die aus der Realisierung des Wahrscheinlichkeitsraumes B folgt, kann sich nur verkleinern, wenn zuvor ein anderer Wahrscheinlichkeitsraum A realisiert wird.

Für unabhängige $\omega_i^1 \in \Omega_1$; $\omega_k^2 \in \Omega_2$ ist natürlich $H(B \mid A) = H(B)$ und $H(A \mid B) = H(A)$. Damit erscheint die Gleichung (12) als Sonderfall der Gleichung (17) bzw. (18), für unabhängige Ereignisse ist die aus der Realisierung von $\Omega_1 \times \Omega_2$ gewonnene Information naturgemäß gleich der Information, die einzeln aus den Realisierungen von Ω_1 und Ω_2 gewonnen wird.

Die Größe der Information $H(A \times B)$ ist nun aber auch nicht stets gleich $H(A) + H(B)$, stellt man sich z. B. den Grenzfall vor, in dem die Realisierung ω_i^1 das Ergebnis des Versuchs in B mit Gewißheit bestimmt, so verliert B nach Realisierung von A seine Unbestimmtheit vollkommen und es ist $H(B \mid A) = 0$. Zudem liefert hier offenbar B keine zusätzliche Information mehr, es ist $H(A \times B) = H(A)$. Ferner ist die in (15) eingeführte

Entropie $H(B \mid \omega_i^1)$ die Menge an Information, die durch eine Realisierung des Wahrscheinlichkeitsraumes B unter der Bedingung, daß im Wahrscheinlichkeitsraum A das spezielle Ereignis ω_i^1 eintritt, gewonnen wird. Deshalb war (16) $H(B \mid A) = E_A \{ H(B \mid \omega_i^1) \}$ der Erwartungswert davon, die Menge an Information aus B, wenn irgendein Ereignis aus A eingetreten, also A realisiert war.

Es soll noch kurz ein Beispiel einer Entropie eines endlichen Wahrscheinlichkeitsraumes gegeben werden.

Wir betrachten einen Text aus Buchstaben der Länge n. Die k Buchstaben des zugrundeliegenden Alphabets sollen in dem Text mit der Häufigkeit

$$n_1, n_2, \ldots, n_k \text{ mit } \sum_{i=1}^{k} n_i = n \text{ vorkommen. Es gibt dann insgesamt}$$

$$N = \frac{n!}{\prod\limits_{i=1}^{k} (n_i!)}$$

Texte der Länge n. Ist nun n groß, so kann man die Stirlingsche Formel (in erster Näherung)

$$n! \sim n^n\, e^{-n}$$

anwenden und erhält

$$N \sim \frac{n^n e^{-n}}{\prod\limits_{i=1}^{k} n_i^{n_i} \cdot e^{-\sum\limits_i n_i}} = \frac{n^n}{\prod\limits_{i=1}^{k} n_i^{n_i}}$$

Texte der Länge n. Logarithmiert man jetzt diese Zahl, die ja auch ein Maß für die Unbestimmtheit ist – Unbestimmtheit vor dem Aufschreiben des Textes oder Information aus dem Text der Länge n – so folgt

$$\log N \sim -\log \prod_{i=1}^{k} \left(\frac{n_i}{n}\right)^{n_i},$$

$$\log N \sim -\sum_{i=1}^{k} n_i \log \frac{n_i}{n}.$$

Setzt man nun die relativen Häufigkeiten $\bar{p}_i = \frac{n_i}{n}$ ein und betrachtet diese hier einmal als mit den Wahrscheinlichkeiten übereinstimmend, so ist die Information des Textes der Länge n

$$I_n \sim -n \sum_{i=1}^{k} \bar{p}_i \log \bar{p}_i$$

oder die Information pro Buchstabe des Textes

$$H = \frac{I_n}{n} \sim - \sum_{i=1}^{k} \bar{p}_i \log \bar{p}_i \; .$$

2.2. Der Eindeutigkeitssatz für die Entropie

Wir haben im vorigen Abschnitt die grundlegenden Definitionen für die Entropie gegeben. Dabei wurde gezeigt, wie die Entropie ein Maß für die Unbestimmtheit eines endlichen Wahrscheinlichkeitsraumes ist und damit ein Maß für die Information, die im Mittel in der Kenntnis des Ausganges einer Realisierung des Versuches (mit dem Wahrscheinlichkeitsraum als Beschreibung) liegt. Hier soll nun gezeigt werden, daß die Entropie nicht eine willkürlich gewählte Größe ist, sondern daß unter sehr allgemeinen Voraussetzungen, die allerdings sehr plausibel sind, die Entropie bis auf eine multiplikative Konstante — die in der Wahl der Basis des Logarithmus begründet ist — eindeutig ist.

Wir stellen zunächst die Bedingungen für die Entropie zusammen:

1. *Die Funktion* $H(p_1, p_2, \ldots, p_n)$ *ist bezüglich aller Argumente stetig.*

2. *Die Funktion* $H(p_1, p_2, \ldots, p_n)$ *nimmt bei festem* n *unter der Bedingung*

$$\sum_{i=1}^{n} p_i = 1$$

ihr Maximum für die Gleichverteilung $p_i = \frac{1}{n}$ *,* i = 1, 2, \ldots, n *an.*

3. *Es ist* $H(A \times B) = H(B \mid A) + H(A)$, m.a.W.: Die Information, die in der gemeinsamen Realisierung der Versuche aus A und B liegt, ist gleich der Information, die aus der Realisierung von B unter der Bedingung, daß A realisiert wurde, folgt, vermehrt um die Information, die aus der Realisierung von A allein folgt.

4. *Es gilt* $H(p_1, p_2, \ldots, p_n, 0) = H(p_1, p_2, \ldots, p_n)$, m.a.W.: Die Hinzunahme eines Ereignisses mit Wahrscheinlichkeit Null oder endlich vieler solcher Ereignisse zu der ursprünglichen Ereignismenge ändert den Wert der Entropie nicht.

Unter den eben formulierten Voraussetzungen gilt nun der

Eindeutigkeitssatz:

Es sei $H(p_1, \ldots, p_n)$ *eine Funktion, die für alle natürlichen Zahlen* n *und alle* $p_1, p_2, \ldots, p_n$ *mit* $p_i \geqslant 0$; i = 1, 2, \ldots, *und*

$$\sum_{i=1}^{n} p_i = 1 \text{ definiert ist. Besitzt diese Funktion die Eigenschaften 1 bis 4, so gilt mit einer}$$

positiven Konstanten λ:

$$H(p_1, p_2, \ldots, p_n) = -\lambda \sum_{i=1}^{n} p_i \log p_i.$$

Beweis: Setzt man

$$H\left(\frac{1}{n}, \frac{1}{n}, \ldots, \frac{1}{n}\right) = h(n), \tag{1}$$

so gilt nach 2 und 4:

$$h(n) = H\left(\frac{1}{n}, \ldots, \frac{1}{n}, 0\right) \leqslant H\left(\frac{1}{n+1}, \frac{1}{n+1}, \ldots, \frac{1}{n+1}\right) = h(n+1), \tag{2}$$

so daß $h(n)$ monoton nichtfallend in n ist. Seien nun k und l natürliche Zahlen. Wir betrachten k voneinander unabhängige endliche Wahrscheinlichkeitsräume $S_1, S_2, \ldots, S_k$, von denen jeder l Ereignisse gleicher Wahrscheinlichkeit besitzt, schreiben S_i auch für die Ereignismengen und haben

$$S_i = \{ s_\rho, \rho = 1, 2, \ldots, l \}, P(s_\rho) = \frac{1}{l}. \tag{3}$$

Dann ist also, wenn wir S_i als Argument schreiben

$$H(S_i) = H\left(\frac{1}{l}, \ldots, \frac{1}{l}\right) = h(l). \tag{4}$$

Auf Grund der Eigenschaft 2 folgt nun — wobei diese offensichtlich auch für beliebige endliche kartesische Produkte gilt —

$$H(S_1 \times S_2 \times S_3 \times \ldots \times S_k) = \sum_{i=1}^{k} H(S_i) = k\,h(l).$$

Nun besteht das kartesische Produkt $S_1 \times S_2 \times \ldots \times S_k$ doch aus l^k Ereignissen gleicher Wahrscheinlichkeit, so daß die Entropie dieses Produktes gleich $h(l^k)$ ist. Damit haben wir

$$h(l^k) = k\,h(l) \tag{6}$$

und analog für jedes andere Paar natürlicher Zahlen

$$h(m^n) = n\,h(m). \tag{7}$$

Wir nehmen nun drei natürliche Zahlen, l, m und n und bestimmen ein k so, daß die Ungleichungen

$$l^k \leqslant m^n < l^{k+1} \tag{8}$$

gelten. Es ist dann

$$k \log l \leqslant n \log m < (k + 1) \log l,$$

$$\frac{k}{n} \leqslant \frac{\log m}{\log l} < \frac{k}{n} + \frac{1}{n}. \tag{9}$$

Auf Grund der bewiesenen Monotonie von $h(x)$ folgt aus (8) sofort

$$h(l^k) \leqslant h(m^n) \leqslant h(l^{k+1})$$

und nach (6) und (7)

$$k\,h(l) \leqslant n\,h(m) \leqslant (k+1)\,h(l),$$

oder

$$\frac{k}{n} \leqslant \frac{h(m)}{h(l)} \leqslant \frac{k}{n} + \frac{1}{n}. \tag{10}$$

Schließlich folgt aus (9) und (10) durch Subtraktion für beliebige n

$$\frac{h(m)}{h(l)} - \frac{\log m}{\log l} \leqslant \frac{1}{n}. \tag{11}$$

Da n beliebig groß sein darf, folgt daher (die linke Seite hängt von n gar nicht ab)

$$\frac{h(m)}{\log m} = \frac{h(l)}{\log l},$$

d.h., da m und l beliebig sind

$$h(n) = \lambda \log n. \tag{12}$$

Wegen der oben bewiesenen Monotonie von $h(n)$ ist $\lambda \geqslant 0$, womit für $p_i = \frac{1}{n}$ zunächst unsere Behauptung bewiesen ist. Wir betrachten jetzt den Fall, daß die p_i beliebige positive, rationale Zahlen sind. Sei also

$$p_i = \frac{g_i}{g}, \quad i = 1, 2, \ldots, n, \tag{13}$$

wobei die g_i und g natürliche Zahlen und $\sum_{i=1}^{n} g_i = g$ ist.

Es sei nun ein endlicher Wahrscheinlichkeitsraum A mit den Elementarereignissen ω_i^1; $i = 1, \ldots, n$ und den Wahrscheinlichkeiten $P(\omega_i^1) = p_i$ vorgegeben. Wir betrachten einen zweiten, von A abhängigen Raum B, er enthalte g Ereignisse $\omega_1^2, \ldots, \omega_g^2$, die wir in n

Gruppen zu jeweils $g_1, g_2, \ldots, g_n$ Ereignissen zusammenfassen. Findet nun in A das Ereignis ω_k^1 statt, so geben wir in B allen g_k Ereignissen der k-ten Gruppe die Wahrscheinlichkeit $1/g_k$, während alle Ereignisse der anderen Gruppen die Wahrscheinlichkeit 0 erhalten. Es ist jetzt für jedes Resultat $\omega_k^1 \in \Omega_1$ der Wahrscheinlichkeitsraum B ein System von g_k gleichwahrscheinlichen Ereignissen. Daher ist die bedingte Entropie

$$H(B \mid \omega_k^1) = H\left(\frac{1}{g_k}, \ldots, \frac{1}{g_k}\right) = h(g_k) = \lambda \log g_k, \tag{14}$$

d.h. nach Bildung des Erwartungswertes in bezug auf den Raum A:

$$H(B \mid A) = \sum_{i=1}^{n} p_i \, H(B \mid \omega_i^1) = \lambda \sum_{i=1}^{n} p_i \log g_i, \tag{15}$$

$$H(B \mid A) = \lambda \sum_{i=1}^{n} p_i \log p_i + \lambda \log g.$$

Wir betrachten jetzt das kartesische Produkt $A \times B$, das aus allen Ereignissen (ω_i^1, ω_k^2); $i = 1, 2, \ldots, n$; $k = 1, 2, \ldots, g$ besteht. Ein solches Ereignis ist nach Definition von B nur möglich, wenn ω_k^2 der i-ten Gruppe angehört. Damit ist die Anzahl der möglichen Ereignisse (ω_i^1, ω_k^2) bei festem i gleich g_i. Die Anzahl aller Ereignisse von $A \times B$ ist also $\sum_i g_i = g$. Die Wahrscheinlichkeit der Ereignisse (ω_i^1, ω_k^2) ist offensichtlich gleich $p_i \cdot \frac{1}{g_i} = \frac{1}{g}$, d.h. gleich für alle Ereignisse. Damit gilt wieder

$$H(A \times B) = h(g) = \lambda \log g. \tag{16}$$

Benutzen wir nun die Forderung 3 und (15), so ist

$$H(A \times B) = H(B \mid A) + H(A),$$

$$\lambda \log g = \lambda \sum_{i=1}^{n} p_i \log p_i + \lambda \log g + H(A),$$

und damit

$$H(A) = -\lambda \sum_{i=1}^{n} p_i \log p_i = H(p_1, p_2, \ldots, p_n). \tag{17}$$

Die Beziehung (17) gilt nun, da $H(p_1, \ldots, p_n)$ stetig in allen p_i sein soll, für beliebige, nichtnegative p_i, damit ist der Eindeutigkeitssatz vollständig bewiesen.

Wir haben im vorstehenden das Axiomensystem von *Feinstein* und *Chintschin* verwandt. Es gibt natürlich andere Axiomensysteme, von denen man ausgehen und Existenz und Eindeutigkeit der Entropie zeigen kann. Es sei hier nur auf die Axiomensysteme von *D. K. Faddejew* [6], *H. Tveberg* [23], *P. M. Lee* [13], *D. G. Kendall* [10], auf die Ergänzung der letzten Arbeit durch *R. Borges* [3] und das System von *H. Rubin* [19] verwiesen.

3. Informationsquellen

3.1. Grundlegende Definition

In der Informationstheorie oder in der Theorie der Nachrichtenübertragung spielen die *Informationsquellen* eine große Rolle. Wie eingangs schon kurz erwähnt sind sie die Erzeuger der Information, die dann über einen Nachrichtenkanal übertragen werden soll. Die erzeugte Information oder Nachricht faßt man mathematisch als stochastischen Prozeß, als Zufallsprozeß auf. Die Mathematik beschreibt dann eine Informationsquelle einfach durch Angabe der wahrscheinlichkeitstheoretischen Eigenschaften, die die erzeugten Nachrichten, d.h. die Realisierungen des stochastischen Prozesses haben. Ein stochastischer Prozeß sei hier der Einfachheit halber ein zeitabhängiger Zufallsprozeß. Es ist klar, daß diese Abhängigkeit sehr vielfältig sein kann. Wir wollen nicht den komplizierten Fall der stetigen Abhängigkeit vom Zeitparameter t betrachten, sondern uns auf zeitlich diskrete Zufallsprozesse beschränken, also auf Folgen $\{x_t; \ t = 0, \pm 1, \pm 2, \ldots\}$. Die von der Informationsquelle gelieferten Nachrichten sind also diskrete Folgen von zufälligen Variablen und die Informationsquelle heißt *diskrete Informationsquelle.*

Wir kommen nun zu den hauptsächlichen Definitionen, die eine Quelle beschreiben und die von *McMillan* stammen: Gegeben ist eine endliche Menge von Symbolen

$$A = \{\alpha_i; \ i = 1, 2, \ldots, a\}$$

die wir das *Alphabet* der Quelle nennen. Die Symbole nennen wir *Buchstaben*. Jede unendliche Folge von Buchstaben

$$x = \{\ldots, x_{-2}, x_{-1}, x_0, x_1, x_2, \ldots\} \tag{1}$$

ist ein mögliches Ausgangsprodukt unserer Quelle, dabei ist

$$x_t \in A; \ t \in I \tag{2}$$

wobei I die Menge der ganzen Zahlen ist, die Indexmenge unseres Zufallsprozesses. Man kann die Folge (1) als Elementarereignis eines Wahrscheinlichkeitsraumes mit überabzählbarer Ereignismenge auffassen. Die Menge aller Folgen (1) nennen wir $\Omega = A^*$ und bezeichnen sie als *Nachrichtenraum.* In A^* definieren wir nun gewisse spezielle Untermengen, die *McMillan* „Basismengen" nennt und die wir hier wie üblich als Zylindermengen oder kurz als *Zylinder* bezeichnen wollen. Die — speziellen — Zylinder in A^* sind definiert durch

1. eine ganze Zahl $n \geqslant 1$

2. eine endliche Folge $\alpha_0, \alpha_1, \ldots, \alpha_{n-1}$ von Buchstaben $\alpha_k \in A; \ k = 0, \ldots, n-1$ (3)

3. n ganze Zahlen t_k mit $t_k \in I$,
   sie bestehen aus allen Nachrichten $x \in A^*$ mit

$$x_{t_k} = \alpha_k; \ k = 0, 1, 2, \ldots, n-1. \tag{4}$$

M.a.W. sind sie die Ereignisse:

Die Quelle mit dem Alphabet A sendet den Buchstaben α_k zur Zeit t_k, $k = 0, 1, \ldots,$ $n - 1$.

Die n Zeitpunkte sind von Zylinder zu Zylinder verschieden, sie können auch benachbart sein.

Zur Beschreibung der Folge (1) als Zufallsprozeß reicht nun (vgl. *Chintschin* [4]) die Vorgabe aller Wahrscheinlichkeiten q(Z) von Zylindern $Z \subset A^*$ aus. Wir betrachten die Gesamtheit aller Zylinder des Alphabets A und die dadurch erzeugte σ-Algebra $\mathbf{B}_A$, d.h. den Durchschnitt aller σ-Algebren, die alle Zylinder aus A^* enthalten. Durch Vorgabe der Wahrscheinlichkeiten q(Z) der Zylinder Z ist dann eindeutig auch die Wahrscheinlichkeit q(S) einer beliebigen Untermenge $S \in \mathbf{B}_A$ von Elementarereignissen x (vgl. (1)) bestimmt. Zur vollständigen mathematischen Beschreibung einer Quelle wird also nur verlangt

1. ein Alphabet A
2. ein Wahrscheinlichkeitsmaß q(S) auf $\mathbf{B}_A$, wobei natürlich $q(A^*) = 1$ ist.   (5)

Da diese beiden Größen die Quelle wahrscheinlichkeitstheoretisch völlig charakterisieren, bezeichnen wir die Quelle auch mit dem Symbol

$$[A, q]. \tag{6}$$

3.2. Stationäre Quellen

Es sei nun x eine beliebige Folge von Buchstaben eines Alphabets A, wie sie in (3.1) definiert ist:

$$x = \{ \ldots, x_{-1}, x_0, x_1, x_2, \ldots \} = \{ x_i \}_{-\infty}^{\infty}. \tag{1}$$

Wir definieren jetzt den *Verschiebeoperator* T vermöge der Relation

$$Tx = \{ x_i' \}_{-\infty}^{\infty} \quad \text{mit } x_i' = x_{i+1}, \tag{2}$$

der Operator T verschiebt also die Folge x um eine Zeiteinheit nach links. Ist $S \in \mathbf{B}_A$ eine Menge von Elementen x, so bedeutet TS die Menge aller Tx mit $x \in S$, es ist dann auch $TS \in \mathbf{B}_A$, und außerdem selbstverständlich

$$TA^* = A^*; \quad T^{-1} T = E,$$

wobei E der identische Operator ist. Wir geben nun die

Definition der stationären Quelle:

Eine Quelle [A, q] *mit dem Aphabet* A *und dem Wahrscheinlichkeitsmaß* q *auf* $\mathbf{B}_A$ *heißt stationär, wenn für jedes Ereignis*

$$S \in \mathbf{B}_A$$

die Relation

$$q(TS) = q(S) \tag{3}$$

gilt, d. h. m. a. W., wenn die wahrscheinlichkeitstheoretischen Aussagen über die Quelle zeitlich invariant sind.

Im folgenden werden wir alle betrachteten Quellen als stationär voraussetzen.

Die wichtigste Eigenschaft einer Quelle ist die Geschwindigkeit, mit der sie Information liefert: das ist die mittlere, in einem ausgesendeten Symbol enthaltene Information. Wir können ja ohne Beschränkung der Allgemeinheit hier und im folgenden annehmen, daß pro Zeiteinheit ein Symbol geliefert wird.

Wir betrachten nun ein beliebiges sogenanntes *Wort* der Länge n; das ist eine Folge von n aufeinander folgenden Symbolen

$$w_n = x_t \, x_{t+1} \cdots x_{t+n-1}, \tag{4}$$

die von der Quelle ausgesendet werden. Da das Alphabet der Quelle A genau a Buchstaben enthält, gibt es genau a^n verschiedene Wörter der Länge n.

Jedem dieser Wörter entspricht ein Zylinder im Nachrichtenraum A*, wie oben gezeigt wurde und folglich hat jedes Wort eine Wahrscheinlichkeit $q(w_n)$.

Daher bildet die Gesamtheit aller Wörter der Länge n des eben beschriebenen Typs einen endlichen Wahrscheinlichkeitsraum A_n mit a^n elementaren Ereignissen w_n mit den Wahrscheinlichkeiten $q(w_n)$. Wir wollen ihn den (endlichen) Nachrichtenraum A_n nennen. Die Entropie dieses Raumes ist dann gegeben durch

$$H_n = - \sum_{w_n \in A_n} q(w_n) \log q(w_n), \tag{5}$$

wobei die Summe a^n Glieder hat. Bei stationärer Quelle hängen nun die Wahrscheinlichkeiten $q(w_n)$ und damit die Entropie H_n nicht vom Zeitpunkt t ab, sie sind durch die Art der Quelle und durch die Zahl n sowie den Umfang des Alphabets eindeutig bestimmt. Jede von der Quelle gesendete Folge von n Symbolen ergibt eine von der Natur der Quelle und von n abhängige ganz bestimmte Information. Dann ist die *pro Symbol ausgesendete Information im Mittel gleich* $(1/n)\,H_n$, man nennt daher naturgemäß den Grenzwert

$$H = \lim_{n \to \infty} \frac{H_n}{n} \tag{6}$$

— falls dieser existiert — den mittleren Informationsbelag oder kurz die *Entropie der gegebenen Quelle* und versteht darunter den Betrag an Information, den im Mittel ein Symbol des Textes mitbringt. Wir beweisen jetzt den

Satz:
Die Entropie oder der mittlere Informationsbelag

$$H = \lim_{n \to \infty} \frac{H_n}{n}$$

existiert für jede stationäre Quelle.

Beweis: Gegeben sei ein endlicher Nachrichtenraum A_{n+m}, bestehend aus Wörtern der Länge $n + m$. Man kann ihn als kartesisches Produkt $A_{n+m} = A_n \times A_m$, nämlich als Nachrichtenraum über den Wortpaaren der Längen n und m deuten. Dann ist offensichtlich

$$H(A_{n+m}) = H(A_n \times A_m) = H(A_n) + H(A_m \mid A_n),$$

außerdem wegen

$$H(A_m \mid A_n) \leqslant H(A_m)$$

noch

$$H(A_n) \leqslant H(A_{n+m}) \leqslant H(A_n) + H(A_m),$$

d.h. in der Bezeichnung (5)

$$H_n \leqslant H_{n+m} \leqslant H_n + H_m. \tag{7}$$

Aus der ersten Hälfte folgt für m = 1

$$H_n \leqslant H_{n+1}. \tag{8}$$

H_n ist mit n also monoton nichtfallend, aus der zweiten Hälfte von (7) folgt $H_{2n} \leqslant 2\,H_n$; $H_{3n} \leqslant 2\,H_n + H_n = 3\,H_n$ usw., also

$$H_{kn} \leqslant k\,H_n, \tag{9}$$

d.h. für n = 1 und beliebiges $k \geqslant 1$:

$$H_k \leqslant k\,H_1, \tag{10}$$

wobei das Gleichheitszeichen nur für Quellen mit unabhängigen Buchstaben gilt; $\dfrac{H_k}{k}$ ist also als Folge beschränkt und daher existiert sicher

$$h = \liminf_{n \to \infty} \frac{H_n}{n} < \infty. \tag{11}$$

In beliebiger Nähe von h muß nun mindestens ein $\dfrac{H_{n'}}{n'}$ liegen, wir nennen den Index r und haben

$$\frac{H_r}{r} < h + \epsilon, \quad \epsilon > 0 \text{ beliebig.}$$

Nun bestimmt man für ein beliebiges $n > r$ eine ganze Zahl $s > 1$ mit

$$(s-1)\,r < n \leqslant s\,r.$$

Wegen der Monotonie von H_n nach (8) ist dann

$$H_n \leqslant H_{sr}$$

und wegen (9)

$$H_n \leqslant s\,H_r; \quad \frac{H_n}{n} \leqslant \frac{s}{n}\,H_r < \frac{s}{(s-1)r}\,H_r < \frac{s}{s-1}\,(h + \epsilon),$$

d.h. für beliebig große n, d.h. große s

$$h - \epsilon < \frac{H_n}{n} < \frac{s}{s-1}\,(h + \epsilon) = (h + \epsilon)\left(1 + o\left(\frac{1}{s}\right)\right).$$

Da ϵ beliebig klein ist gilt dann

$$\lim_{n \to \infty} \frac{H_n}{n} = h,$$

was zu beweisen war.

Wir wollen abschließend noch ein Beispiel für eine Quelle bringen und deren Entropie betrachten:

Das Alphabet der Quelle bestehe aus den vier Buchstaben

$$A = \{a, b, c, d\} \tag{12}$$

die — unabhängig voneinander — mit den Wahrscheinlichkeiten

$$p(a) = \frac{1}{2}; \quad p(b) = \frac{1}{4}; \quad p(c) = p(d) = \frac{1}{8} \tag{13}$$

auftreten. Die Quelle sei so beschaffen, daß die Buchstaben in den Wörtern voneinander unabhängig sind, dann ist die Entropie dieser Quelle gegeben durch

$$H = -\frac{1}{2}\log\frac{1}{2} - \frac{1}{4}\log\frac{1}{4} - 2 \cdot \frac{1}{8}\log\frac{1}{8},$$

$$H = \frac{1}{2} + \frac{2}{4} + 2 \cdot \frac{3}{8},$$

d.h. also

$$H = \frac{7}{4}\,\frac{\text{bit}}{\text{Buchstabe}}\,. \tag{14}$$

Wir codieren die Nachrichten aus dem Alphabet um, indem wir setzen (L, O binäre Ziffern)

$$\begin{aligned}
a &= O \\
b &= LO \\
c &= LLO \\
d &= LLL
\end{aligned} \tag{15}$$

dann ist der Erwartungswert von Dualziffern bei einer Sendung aus N Zeichen:

$$N \left\{ 1 \cdot \frac{1}{2} + 2 \cdot \frac{1}{4} + 3 \cdot \frac{1}{8} + 3 \cdot \frac{1}{8} \right\} = N \cdot \frac{7}{4}, \tag{16}$$

wir sehen also, daß wir im Mittel pro Buchstabe wirklich 7/4 bit aufgewendet haben. Die Codierung der Nachrichten dieser Quelle in normale Binärzahlen wäre wenig vorteilhaft. Setzt man nämlich

$$\begin{aligned} a &= OO \\ b &= OL \\ c &= LO \\ d &= LL \end{aligned} \tag{17}$$

so wäre der Erwartungswert von Dualziffern (bit) bei einer Nachricht aus N Zeichen gegeben durch

$$2N \left\{ \frac{1}{2} + \frac{1}{4} + \frac{1}{4} \right\} = 2N, \tag{18}$$

hier hätten wir also im Mittel — was ja trivialerweise schon aus der Codierung (17) zu sehen ist — 2 bit pro Buchstaben aufgewendet.

3.3. Ergodische Quellen

Definition:

Eine Menge $S \in B_A$ *von Elementen* $x \in A^*$ *heißt invariant, wenn*

$$TS = S \tag{1}$$

ist, d. h. der Verschiebeoperator diese Menge fest läßt.
Es ist A^* selbst natürlich invariant, ebenso ist für $x \in A^*$ stets $S = \{ \ldots T^{-1} x, x, Tx, T^2 x, \ldots \}$ invariant.

Definition:

Eine Quelle $[A, q]$ *heißt ergodisch, wenn die Wahrscheinlichkeit* $q(S)$ *jeder invarianten Menge* $S \in B_A$ *entweder Null oder Eins ist; d. h. wenn jede invariante Menge eine Menge vom Maße Null bzw. bis auf eine Menge vom Maße Null die Menge* A^* *(der volle Nachrichtenraum) ist.*
Es sei nun $f(x)$ eine reelle, meßbare Funktion auf A^*, also eine Zufallsvariable; ihr Erwartungswert ist nach Definition

$$E\{f(x)\} = \int_{A^*} f(x)\, dq(x). \tag{2}$$

Der *Birkhoff*sche Ergodensatz sagt nun aus, daß für jeden stationären Prozeß [A, q] und für jede integrable Funktion f(x) der Grenzwert

$$h(x) = \lim_{n \to \infty} \frac{1}{n} \sum_{k=0}^{n-1} f(T^k x) \tag{3}$$

fast sicher (f.s.) existiert (mit Wahrscheinlichkeit 1); dabei ist h(x) invariant, also h(Tx) = h(x) für alle x, für die h definiert ist.

Ist die Quelle [A, q] auch ergodisch, so gilt nach *Birkhoff* sogar fast sicher

$$h(x) = E\{f(x)\}, \text{ d.h.}$$

$$E\{f(x)\} = \lim_{n \to \infty} \frac{1}{n} \sum_{k=0}^{n-1} f(T^k x). \tag{4}$$

Es sei jetzt $\chi_s(x)$ der Indikator einer Menge $S \in B_A$ ($\chi_s(x) = 1$ für $x \in S$ und $\chi_s(x) = 0$ für $x \notin S$), offenbar ist $\chi_s(x)$ integrabel und es gilt trivialerweise

$$E\{\chi_s(x)\} = q(S). \tag{5}$$

Die Summe $\sum_{k=0}^{n-1} \chi_s(T^k x)$ ist einfach die Anzahl der Glieder der Folge $\{x, Tx, T^2 x, \ldots, T^{n-1} x\}$ die zu S gehören. Es ist also nach dem Ergodensatz von *Birkhoff* im Falle einer ergodischen Quelle für fast alle x, d.h. f.s.

$$\lim_{n \to \infty} \frac{1}{n} \sum_{k=0}^{n-1} \chi_s(T^k x) = q(S). \tag{6}$$

Man erhält also für fast alle x die Wahrscheinlichkeit einer Menge $S \in B_A$, ihr Wahrscheinlichkeitsmaß, als Grenzwert der relativen Häufigkeiten der Zugehörigkeit der Elemente x, Tx, $T^2 x$, ... zu S, das ist das bekannte *Borel*sche starke Gesetz der großen Zahlen.

Für jede ergodische Quelle gilt also die Gleichung (6) für alle $S \in B_A$, wir wollen jetzt die Umkehrung dieser letzten Feststellung zeigen:

Satz:
Wenn für eine stationäre Quelle [A, q] *und jede Menge* $S \in B_A$ *die Gleichung (6) gilt, so ist diese Quelle ergodisch.*

Beweis: Angenommen, sie wäre nicht ergodisch, so müßte mindestens eine invariante Menge $S \in B_A$ mit $0 < q(S) < 1$ existieren. Wegen der Invarianz von S gilt dann für jedes $x \in S$, daß auch $T^k x \in S$, also $\chi_s(T^k x) = 1$ ist, daher gilt

$$\lim_{n \to \infty} \frac{1}{n} \sum_{k=0}^{n-1} \chi_s(T^k x) = 1$$

für alle $x \in S$. Weil aber $0 < q(S) < 1$ war, gilt für S die Gleichung (6) nicht; damit ist ein Widerspruch herbeigeführt und der Satz bewiesen.

3.4. Der Satz von McMillan und die asymptotische Gleichverteilung

Da das Alphabet einer Quelle a Buchstaben enthalten soll, gibt es genau a^n Wörter der Länge n

$$w_n = x_t x_{t+1} \cdots x_{t+n-1}, \tag{1}$$

die von der Quelle ausgesandt werden können.

Diese Wörter kann man, wie oben gezeigt wurde, als Nachrichten eines endlichen Nachrichtenraumes A_n ansehen, die Wahrscheinlichkeit $q(w_n)$ eines solchen Elementarereignisses ist durch die Definition der Quelle bestimmt, man kennt ja die Wahrscheinlichkeit für den (1) entsprechenden Zylinder in A^*, diese ist $q(w_n)$, für stationäre Quellen ist sie sogar unabhängig von t. Man kann nun entweder die Betrachtungsweise des endlichen Wahrscheinlichkeitsraumes — (1) also als eines der a^n Elementarereignisse ansehen — anwenden, oder (1) als zusammengesetztes Ereignis in A^* (Zylinder) annehmen. Für konstante n ist die erste Betrachtungsweise einfacher, für variable n die letztere, da sich mit n ja der endliche Wahrscheinlichkeitsraum ändert.

Bekanntlich stellt nun jede reelle meßbare Funktion der Buchstaben $x_t, x_{t+1}, \ldots, x_{t+n-1}$ eine Zufallsvariable über A^* dar. Eine spezielle Zufallsvariable ist

$$-\frac{1}{n} \log q(w_n), \tag{2}$$

wobei w_n ein Wort der Länge n zur Zeit t ist. Da wir hier stets stationäre Quellen voraussetzen, kann man auch $t = 0$ setzen. Die Zufallsvariable hat für alle Wörter w_n, die zu demselben Zylinder mit der Wahrscheinlichkeit $q(w_n)$ gehören, denselben Wert, ihr Erwartungswert ist offensichtlich

$$E\left(-\frac{1}{n} \log q(w_n)\right) = -\frac{1}{n} \Sigma\, q(w_n) \log q(w_n) \tag{3}$$

wobei über alle Zylinder (Basis n-gliedrig) aus B_A summiert wird, d.h. a^n Stück. Die Größe (3) ist uns als die Entropie H_n der n-gliedrigen Wörter bekannt, es gilt also

$$E\left\{-\frac{1}{n} \log q(w_n)\right\} = \frac{H_n}{n} . \tag{4}$$

Wir setzen nun

$$f_n(x) = -\frac{1}{n} \log q(w_n) \tag{5}$$

und haben dann

$$E\{f_n(x)\} = \frac{H_n}{n} . \tag{6}$$

Wir haben oben gezeigt, daß für $n \to \infty$ der Quotient $\frac{H_n}{n}$ bei einer beliebigen stationären Quelle gegen die Entropie der Quelle konvergiert, es ist daher

$$\lim_{n \to \infty} E\{f_n(x)\} = H, \tag{7}$$

d. h. der Erwartungswert der Zufallsgröße $f_n(x)$ konvergiert für $n \to \infty$ gegen die Entropie der Quelle.

Es ist nun von *McMillan* im weiter unten genau formulierten Hauptsatz gezeigt worden, daß für stationäre Quellen nicht nur der Erwartungswert von $f_n(x)$ gegen H konvergiert, sondern daß $f_n(x)$ im Mittel gegen eine invariante Funktion $h(x)$ konvergiert, die für den Fall der Ergodizität der Quelle fast sicher mit der Entropie H der Quelle übereinstimmt.

Für beliebig kleine $\epsilon > 0$ und $\delta > 0$ und hinreichend großes n gilt dann für ergodische Quellen, daß die Wahrscheinlichkeit kleiner als δ ist, daß

$$|f_n(x) - H| \geqslant \epsilon \tag{8}$$

ausfällt, d.h. die *Konvergenz in Wahrscheinlichkeit*. Diese Aussage bedeutet doch, daß für beliebig kleine $\epsilon > 0$ und $\delta > 0$ für alle Wörter der Länge n einer Quelle [A, q] eine Klasseneinteilung existiert:

Asymptotische Gleichverteilung:
Für beliebig kleine $\epsilon > 0$, $\delta > 0$ kann man alle Wörter w_n der Länge n, die von einer gegebenen ergodischen Quelle ausgesendet werden, bei hinreichend großem n so in zwei Klassen einteilen, daß

1. für jedes Wort w_n aus der ersten Gruppe das Maß $q(w_n)$ so existiert, daß mit Wahrscheinlichkeit $P > 1 - \delta$

$$|H + \frac{1}{n} \log q(w_n)| < \epsilon \quad \textit{gilt}, \tag{9}$$

2. die Summe der Wahrscheinlichkeiten der zweiten Gruppe kleiner als δ ist.

Die erste Gruppe nennen wir die hochwahrscheinliche oder wesentliche Gruppe, Gruppe der wesentlichen x, die zweite Gruppe die wenigwahrscheinliche Gruppe, Gruppe der wenigwahrscheinlichen x.

Die Menge der hochwahrscheinlichen Wörter ist dadurch charakterisiert, daß $\frac{1}{n} \log q\,(w_n)$ $\sim - H$ ist, also

$$q\,(w_n) \sim 2^{-nH} \tag{10}$$

gilt. Das bedeutet, daß alle Wörter der hochwahrscheinlichen Gruppe ungefähr die gleiche Wahrscheinlichkeit 2^{-nH} haben. Damit ist die Anzahl der Wörter dieser Familie (Gleichverteilung) etwa 2^{nH}. Da die Anzahl sämtlicher n-gliedrigen Wörter $a^n = 2^{n \log a}$ ist und immer $H \leqslant \log a$ gilt, so sehen wir, wenn wir den Fall der Gleichverteilung $H = \log a$ ausschließen, daß bei großem n die hochwahrscheinliche Gruppe nur einen geringen Teil aller Wörter der Länge n umfaßt, der größte Teil der Wörter liegt in der wenigwahrscheinlichen Gruppe, denn es ist ja

$$\frac{2^{nH}}{2^{n \log a}} \ll 1 \text{ für } n \gg 1,\, H < \log a. \tag{11}$$

Die Eigenschaft der asymptotischen Gleichverteilung ist für voneinander unabhängige Buchstaben x_i, $x_{i+1}, \ldots$ einfach das Gesetz der großen Zahlen. Quellen dieser Art gibt es aber in der Praxis kaum. *Shannon* zeigte nun schon, daß für Quellen vom Typ der ergodischen Markoffschen Ketten ebenfalls dieser Satz gilt; *McMillan* bewies in schließlich 1953 für jede ergodische Quelle.

Wir beweisen im folgenden den *McMillan*schen Satz in Anlehnung an die Darstellung von *Chintschin* [4]. Für andere Wege zum Beweis der *Shannon*schen Sätze sei ebenfalls auf die Literatur, vornehmlich [24], verwiesen.

3.5. Beweis des Satzes von McMillan

Wir benötigen dazu die von *Doob* stammende

Definition des Martingals: *Eine Folge* z_n, $n = 1, 2, 3, \ldots$ *von Zufallsvariablen, deren Erwartungswerte existieren, heißt ein Martingal, wenn für alle* n

$$E\,\{z_{n+1} \mid z_n, z_{n-1}, \ldots, z_1\} = z_n \tag{12}$$

gilt; ein Martingal heißt beschränkt, wenn seine Zufallsvariablen gleichmäßig beschränkt sind.

Speziell für die Informationstheorie interessiert der Fall, daß ein Wort $w_n = x_1 x_2 \ldots x_n$ der Quelle $[A, q]$ vorliegt bzw. der Zylinder $w_n \in A^*$. Für alle $x \in A^*$ ist die Martingal-Eigenschaft dann durch

$$E\,\{x_n \mid x_{n-1} = a_{n-1}, x_{n-2} = a_{n-2}, \ldots, x_1 = a_1\} = \frac{1}{q\,(w_n)} \int_{w_n} x_n \, dq(x) = a_{n-1}$$

gegeben, d.h.

$$\int_{w_n} x_n \, dq(x) = q\,(w_n)\, a_{n-1} \tag{13}$$

Ebenfalls von *Doob* stammt nun der (vgl. [2], [12])

Konvergenzsatz:

Jedes beschränkte Martingal ist fast sicher konvergent, es existiert $z = \lim\limits_{n \to \infty} z_n$ *f.s..*

Bevor wir zum Beweis des Satzes von *McMillan* kommen, müssen wir eine Reihe von Hilfssätzen beweisen. Hierbei sei w_n wieder ein Wort der Länge n der Quelle, speziell $w_{-n} = x_{-n} x_{-n+1} \cdots x_{-1}$ und $w_{-n} x_0$ das um den Buchstaben x_0 verlängerte Wort. Wir bezeichnen den Quotienten der Wahrscheinlichkeiten für die Zylinder w_{-n} bzw. $w_{-n} x_0$ mit

$$p_n(x) = \frac{q(w_{-n} x_0)}{q(w_{-n})} = P\{x_0 \mid w_{-n}\}, \quad p_0(x) = q(x_0). \tag{14}$$

Für festes $x_0 = a$ schreiben wir

$$p_n(x, a) = \frac{q(w_{-n} a)}{q(w_{-n})}, \tag{15}$$

(15) ist also eine Realisierung der Zufallsvariablen (14). In bezug auf das (laufende) Wort w_{-n} sehen wir beide Größen als zufällig an.

Hilfssatz 1:

Die Folge $\{p_n(x, a), n = 0, 1, 2, \ldots\}$ *ist ein Martingal.*

Beweis: Wir setzen $p_n(x, a) = X_n$ und bezeichnen mit Z_{n-1} den Zylinder über $\{x_{-n+1} = a_{-n+1}, x_{-n+2} = a_{-n+2}, \ldots, x_{-1} = a_{-1}\}$ und mit ζ_b den Zylinder über $\{x_{-n} = b \mid b \in A\}$. Wegen $\sum\limits_{b \in A} \zeta_b = A^*$ gilt nun

$$\int\limits_{Z_{n-1}} X_n \, dq(x) = \sum\limits_{b \in A} \int\limits_{Z_{n-1} \cap \zeta_b} X_n \, dq(x),$$

ist $x \in Z_{n-1} \cap \zeta_b$, so ist doch nach Definition

$$X_n = \frac{q(Z_{n-1} \cap \zeta_b \cdot a)}{q(Z_{n-1} \cap \zeta_b)}$$

und daher

$$\int\limits_{Z_{n-1}} X_n \, dq = \sum\limits_{b \in A} q(Z_{n-1} \cap \zeta_b \cdot a) = q(Z_{n-1} \cdot a).$$

Nach dem Ansatz (15) ist aber

$$\frac{q(Z_{n-1} \cdot a)}{q(Z_{n-1})} = p_{n-1}(Z_{n-1}, a),$$

d.h.

$$\int_{Z_{n-1}} X_n \, dq(x) = q(Z_{n-1}) \, p_{n-1}(Z_{n-1}, a).$$

Nun sei $K_{n-1} \subset A^*$ die Menge aller Elementarereignisse, bei denen $x_i = \alpha_i$, $i = 1, 2, \dots$, $n - 1$ mit beliebigen α_i ist. Da durch die Auswahl eines speziellen Zylinders Z_{n-1} die Werte der X_i und damit α_i festgelegt sind, ist K_{n-1} durch die Vereinigung gewisser Zylinder Z_{n-1} bestimmt, es ist dabei $X_i(Z_{n-1}) = X_i(K_{n-1}) = \alpha_i$ für $Z_{n-1} \subset K_{n-1}$. Daher können wir die letzte Gleichung umschreiben in

$$\int_{K_{n-1}} X_n \, dq(x) = \sum_{Z_{n-1} \subset K_{n-1}} \int_{Z_{n-1}} X_n \, dq(x) = \sum_{Z_{n-1} \subset K_{n-1}} \alpha_{n-1} \, q(Z_{n-1}) =$$

$$= \alpha_{n-1} \, q(K_{n-1}),$$

das ist aber gerade die ein Martingal definierende Gleichung (13).

Hilfssatz 2:

Die Folge $\{p_n(x), n = 0, 1, 2, \dots\}$ ist fast sicher konvergent.

Beweis: $p_n(x)$ ist für jedes feste $x \in A^*$ ein $p_n(x, a)$, $a \in A$; es gilt für alle m, n:

$$|p_n(x) - p_m(x)| \leqslant \sum_{a \in A} |p_n(x, a) - p_m(x, a)| \text{ und die rechte Seite geht für } m, n \to \infty$$

fast sicher gegen Null, da die $p_n(x, a)$ ein Martingal bilden, das (bis auf eine Menge mit der Wahrscheinlichkeit Null) offensichtlich beschränkt ist und daher nach dem Konvergenzsatz f.s. konvergiert. Also konvergiert auch $p_n(x)$ f.s..

Die Folge $\{p_n(x), n = 0, 1, 2, \dots\}$ ist bis auf die oben erwähnte Ausnahmemenge $(q(w_n) = 0)$ überall definiert, also auch

$$g_n(x) = -\log p_n(x), \quad n = 0, 1, 2, \dots, \tag{16}$$

wobei $g_n(x)$ unendlich werden kann.

Hilfssatz 3:

Mit $G_{n,k} = \{x \in A^* \mid k \leqslant g_n(x) < k + 1\}$; $k = 0, 1, 2, \dots$ gilt, wenn a wieder die Anzahl der Elemente des Alphabets A ist:

$$\int_{G_{n,k}} g_n(x) \, dq(x) \leqslant a(k + 1) \, 2^{-k} \tag{17}$$

gleichmäßig für alle n.

Beweis: Wieder sei Z_n der Zylinder über $\{x_i = a_i;\ -n \leqslant i \leqslant -1\}$ und Z_α der Zylinder $x_0 = \alpha \in A$. Für $x \in Z_n Z_\alpha$ ist dann

$$g_n(x) = -\log \frac{q(Z_n\,\alpha)}{q(Z_n)} = -\log \frac{q(Z_n Z_\alpha)}{q(Z_n)}\ .$$

Mit $Z_n \cap G_{n,k} = \sum\limits_{\alpha:\ k\, \leqslant\, g_n(x)\, <\, k+1} Z_n Z_\alpha$ folgt nun

$$\int\limits_{Z_n \cap G_{n,k}} g_n(x)\,dq(x) = \sum\limits_{\alpha:\ k\, \leqslant\, g_n(x)\, <\, k+1} \int\limits_{Z_n Z_\alpha} g_n(x)\,dq(x).$$

In jedem Integral rechts ist doch

$$k \leqslant g_n(x) < k+1,$$

d.h. mit

$$g_n(x) = -\log \frac{q(Z_n Z_\alpha)}{q(Z_n)} \quad \text{folgt} \quad 2^{-k} \geqslant \frac{q(Z_n Z_\alpha)}{q(Z_n)} > 2^{-k-1}$$

und daraus

$$q(Z_n Z_\alpha) \leqslant 2^{-k} q(Z_n).$$

Damit ergibt sich

$$\int\limits_{Z_n \cap G_{n,k}} g_n(x)\,dq(x) < \sum\limits_{\alpha:\ k\, \leqslant\, g_n\, <\, k+1} (k+1)\,q(Z_n Z_\alpha) \leqslant a\,(k+1)\,2^{-k} q(Z_n).$$

Durch Vereinigungsbildung über alle Zylinder Z_n folgt dann sofort die Behauptung.

Hilfssatz 4:
Es sei $L > 0$ und $A_n(L) = \{\,x \in A^* \,|\, g_n(x) > L\,\}$. Dann existiert für alle $\epsilon > 0$ ein $L_0(\epsilon)$, so daß für $L \geqslant L_0,\ n \geqslant 1$

$$\int\limits_{A_n(L)} g_n(x)\,dq(x) < \epsilon$$

wird.

Beweis: Die Behauptung folgt direkt aus der Tatsache, daß nach Hilfssatz 3 die Integrale gleichmäßig beschränkt sind und k groß gewählt werden kann.

Hilfssatz 5:

Für alle $\epsilon > 0$ existiert ein $\delta > 0$, so daß für alle $B \in \mathbf{B}_A$ mit $q(B) < \delta$ und alle
$n = 1, 2, 3, \ldots$

$$\int_B g_n(x)\, dq(x) < \epsilon$$

gilt, d. h. die Integrale gleichgradig absolut stetig sind.

Beweis: Nach Hilfssatz 4 existiert ein $L = L(\epsilon)$ mit

$$\int_{A_n} g_n(x)\, dq(x) < \epsilon.$$

Nun sei $\delta = \dfrac{\epsilon}{L}$ und $q(B) < \delta$, dann gilt

$$\int_B g_n(x)\, dq(x) = \int_{B \cap A_n(L)} g_n(x)\, dq(x) + \int_{B \cap \overline{A_n(L)}} g_n(x)\, dq(x) \leqslant$$

$$\leqslant \int_{A_n(L)} g_n(x)\, dq(x) + L\, q(B) < 2\,\epsilon.$$

Aus dem Hilfssatz 5 folgt noch, daß $g_n(x)$ f. s. endlich ist. Wir setzen nun

$$g(x) = \lim_{n \to \infty} g_n(x). \qquad (18)$$

Der Grenzwert existiert f. s..

Hilfssatz 6:

Der Grenzwert $g(x) = \lim\limits_{n \to \infty} g_n(x)$ ist integrabel, d. h. $g(x)$ ist f. s. endlich.

Beweis: Es sei $L > 0$ und $g^L(x) = \inf\,[L, g(x)]$. Aus $g_n(x) \to g(x)$ $(n \to \infty)$ folgt $g_n^L \to g^L$. Die $g_n^L(x)$ sind gleichmäßig beschränkt und daher folgt nach dem Hilfssatz 3 und bekannten Eigenschaften des Lebesgueschen Integrales

$$\int_{A*} g^L(x)\, dq(x) = \int_{A*} \lim_{n \to \infty} g_n^L(x)\, dq(x) =$$

$$= \lim_{n \to \infty} \int_{A*} g_n^L(x)\, dq(x) \leqslant \limsup_{n \to \infty} \int_{A*} g_n(x)\, dq(x) =$$

$$= \limsup_{n \to \infty} \sum_{k=0}^{\infty} \int_{G_{n,k}} g_n(x)\, dq(x) < a \sum_{k=0}^{\infty} (k+1)\, 2^{-k} < \infty.$$

Hilfssatz 7:

Es ist

$$\lim_{n \to \infty} \int_{A*} |g(x) - g_n(x)| \, dq(x) = 0.$$

Beweis: Sei $\epsilon > 0$ und $E_n = \{ x \in A* \,||\, g_n(x) - g(x)| > \epsilon \}$, dann ist

$$\int_{A*} |g(x) - g_n(x)| \, dq(x) = \int_{E_n} |g(x) - g_n(x)| \, dq(x) +$$

$$+ \int_{\bar{E}_n} |g(x) - g_n(x)| \, dq(x) \leqslant \int_{E_n} g_n(x) \, dq(x) + \int_{E_n} g(x) \, dq(x) + \epsilon.$$

Da f.s. $g_n(x) \to g(x)$ gilt, folgt doch $q(E_n) \to 0 \, (n \to \infty)$. Daher wird nach dem Hilfssatz 5 das erste Integral klein für große n, nach dem Hilfssatz 6 auch das zweite. Damit ist die Behauptung gezeigt.

Hilfssatz 8:

Mit $f_n(x) = -\dfrac{1}{n} \log q(w_n)$ (vgl. (5)) und $g_n(x) = -\log p_n(x)$, $p_n(x) = \dfrac{q(w_{-n}x_0)}{q(w_{-n})}$ (vgl. (14) und (16)) gilt

$$f_n(x) = \frac{1}{n} \sum_{k=0}^{n-1} g_k(T^k x), \tag{19}$$

wobei T *der in 3.1 definierte Verschiebeoperator ist.*

Beweis: Wir schreiben die Wörter jetzt einmal aus und haben

$$f_n(x) = \frac{1}{n} \log q(x_0 x_1 \ldots x_{n-1}),$$

$$p_n(x) = \frac{q(x_{-n} x_{-n+1} \ldots x_0)}{q(x_{-n} x_{-n+1} \ldots x_{-1})}.$$

Nun ist ($k \geqslant 0$ ganz)

$$p_n(T^k x) = \frac{q(x_{k-n} x_{k-n+1} \ldots x_k)}{q(x_{k-1} x_{k-n+1} \ldots x_{k-1})}$$

und speziell für $n = k$

$$p_k(T^k x) = \frac{q(x_0 x_1 \ldots x_k)}{q(x_0 x_1 \ldots x_{k-1})}.$$

Wegen $p_0(x) = q(x_0)$ ist $p_0(T^0 x) = p_0(x) = q(x_0)$. Dann gilt

$$\prod_{k=0}^{n-1} p_k(T^k x) = q(x_0) \cdot \frac{q(x_0 x_1)}{q(x_0)} \cdot \frac{q(x_0 x_1 x_2)}{q(x_0 x_1)} \dots$$

$$\dots \frac{q(x_0 x_1 \dots x_{n-1})}{q(x_0 x_1 \dots x_{n-2})} = q(x_0 x_1 \dots x_{n-1}).$$

Durch Logarithmieren erhält man

$$\sum_{k=0}^{n-1} g_k(T^k x) = - \log q(x_0 x_1 \dots x_{n-1}) = n\, f_n(x)$$

und das ist die Behauptung des Hilfssatzes.
Wir kommen nun zum

Satz von McMillan:

Für jede stationäre Quelle [A, q] *konvergiert die Folge* $\{ f_n(x), n = 1, 2, 3, \dots \}$;
$f_n(x) = -\dfrac{1}{n} \log q(w_n)$ *im Mittel und damit in Wahrscheinlichkeit gegen eine invariante Funktion* h(x). *Für ergodische Quellen ist f. s.* h(x) = H, *wobei* H *die Entropie der Quelle ist.*

Beweis: Nach dem Ergodensatz konvergiert für jede integrable Funktion $g(x)$ die

Größe $\dfrac{1}{n} \displaystyle\sum_{k=0}^{n-1} g(T^k x)$ für $n \to \infty$ im Mittel gegen eine invariante Funktion $h(x) = h(Tx)$.

Nach dem Hilfssatz 6 ist unser $g(x)$ integrabel, nach dem Hilfssatz 8 gilt für stationäre Quellen

$$\int_{A^*} |f_n(x) - h(x)| \, dq(x) = \int_{A^*} |\frac{1}{n} \sum_{k=0}^{n-1} g_k(T^k x) - h(x)| \, dq(x) \leqslant$$

$$\leqslant \int_{A^*} |\frac{1}{n} \sum_{k=0}^{n-1} (g_k(T^k x) - g(T^k x)| \, dq(x) + \int_{A^*} |\frac{1}{n} \sum_{k=0}^{n-1} g(T^k x) - h(x)| \, dq(x) \leqslant$$

$$\leqslant \frac{1}{n} \sum_{k=0}^{n-1} \int_{A^*} |g_k(x) - g(x)| \, dq(x) + \int_{A^*} |\frac{1}{n} \sum_{k=0}^{n-1} g(T^k x) - h(x)| \, dq(x).$$

Die Glieder der ersten Summe werden nach dem Hilfssatz 7 für große n beliebig klein,
also auch ihr Mittelwert. Der zweite Term verschwindet nach dem Ergodensatz, also
konvergiert f_n im Mittel gegen h, wie die erste Behauptung lautet. Ist die Quelle ergodisch, so ist nach dem Ergodensatz f.s. h(x) = const. Wir zeigen noch, daß $h(x) \equiv H$ ist:

$$\int_{A^*} |f_n(x) - h(x)| \, dq(x) \to 0 \quad (n \to \infty)$$

heißt doch

$$\lim_{n \to \infty} \int_{A^*} f_n(x) \, dq(x) = \int_{A^*} h(x) \, dq(x) = h = const.$$

Nun ist aber

$$\int_{A^*} f_n(x) \, dq(x) = E\{f_n(x)\},$$

d.h. gleich dem Erwartungswert von $f_n(x)$ und dieser konvergiert nach Gl. (7) gegen H.
Damit ist auch die zweite Behauptung bewiesen.

4. Kanäle

4.1. Definition des Kanals, Eigenschaften spezieller Kanäle

Wir haben eine Vorrichtung, die Information, also Nachrichten, Signale erzeugt, eine Quelle genannt und sie durch ihr Alphabet A und ein Wahrscheinlichkeitsmaß q(S), $S \in \mathbf{B}_A$ charakterisiert.

Einen Mechanismus, eine Vorrichtung o. ä., der geeignet ist, Signale, d.h. Information zu übertragen, nennt man einen *Kanal, Nachrichtenkanal* oder *Übertragungskanal.* Wir wollen ihn, genau wie im vorigen Abschnitt die Quellen, wahrscheinlichkeitstheoretisch charakterisieren.

Die Signale, die der Kanal übermitteln kann, zerlegt man in ihre elementaren Teile und spricht von einem *Eingangsalphabet* – und *Eingangsbuchstaben* – des Kanals. Diese Menge, die wir wieder A nennen, sei auch wieder endlich und enthalte a Buchstaben.

Im allgemeinen Fall sind nun die Ausgangssignale des Kanals von den Eingangssignalen verschieden, d.h. die Alphabete sind verschieden. Wir setzen das *Ausgangsalphabet* als endliche Menge B der b *Ausgangsbuchstaben* an.

Wenn nun jedem eintretenden Signal $\alpha \in A$ eindeutig ein austretendes Signal $\beta \in B$ entspricht, so spricht man von einem *Kanal ohne Störungen* oder einem *Übertrager.*

Bei einem Kanal mit Störungen, mit Rauschen, kann man bei Wiederholung des speziellen Versuchs des Einlesens eines einzigen Buchstabens α in den Eingang ausgangsseitig verschiedene Buchstaben $\beta \in B$ erhalten. Bei zufälligen Störungen interessieren wir uns für die Wahrscheinlichkeit, daß am Ausgang des Kanals der Buchstabe $\beta \in B$ erhalten wird, wenn am Eingang der Buchstabe $\alpha \in A$ gesendet wurde. Diese Wahrscheinlichkeit wird im allgemeinen Fall nicht nur von $\alpha \in A$, sondern auch von den vorhergehenden und folgenden Eingangsbuchstaben, von der Vorgeschichte und der Nachgeschichte abhängen. Deshalb diskutieren wir zunächst den allgemeinsten Fall.

Wir haben am Eingang des Kanals wie bei den Quellen in Kap. 3 die Ereignismenge, den Nachrichtenraum A* aller Folgen

$$x = \{ \ldots, x_{-1}, x_0, x_1, x_2, \ldots \} \in A^*, \tag{1}$$
$$x_k \in A, \ k \in I.$$

Jeder am Eingang des Kanals eintretenden Folge entspricht eine Ausgangsfolge

$$y = \{ \ldots, y_{-1}, y_0, y_1, y_2, \ldots \} \in B^*, \tag{2}$$
$$y_k \in B, \ k \in I,$$

wobei B* dieselbe Bedeutung hat wie A*, also ein Nachrichtenraum ist.

Auf der σ-Algebra über B* wollen wir nun eine einparametrige Familie von Wahrscheinlichkeitsverteilungen vorgeben. Dazu sei wieder $\mathbf{B_B}$ die kleinste σ-Algebra über B*, die alle Zylinder mit Buchstaben aus B enthält. Die Wahrscheinlichkeit, daß ein $y_k = \beta \in B$, β fest ist, hängt i. a. von der Gesamtheit aller eingegebenen Buchstaben x_i ab, d.h. von $x \in A*$. Wir bezeichnen diese Wahrscheinlichkeit mit

$$p_x (y_k = \beta) = P\{y_k = \beta \,|\, x\}. \tag{3}$$

Man kann (3) als die Wahrscheinlichkeit interpretieren, daß unter der Bedingung, daß eine Folge $x \in A*$ eingegeben ist, die Folge $y \in B*$ den Zylinder $y_k = \beta$ bildet. Wieder müssen wir wie bei den Quellen die Kenntnis dieser Wahrscheinlichkeiten für alle Zylinder $Z_B \in \mathbf{B_B}$ fordern:

$$p_x (Z_B) = P(y \in Z_B \,|\, x), \tag{4}$$

dann ist die Verteilung auf allen Untermengen $S \in \mathbf{B_B}$ definiert und wir haben die mathematische

Definition eines Kanals *(McMillan):*

Ein Kanal ist definiert durch

1. *das Eingangsalphabet* A,

2. *das Ausgangsalphabet* B,

3. *die Familie von Wahrscheinlichkeitsverteilungen, d. h. die Wahrscheinlichkeiten, daß die empfangene Nachricht y in der Menge* $S \in \mathbf{B_B}$ *liegt, wenn* $x \in \mathbf{B_A}$ *gesendet wurde*

$$p_x (S) = P(y \in S \,|\, x), \tag{5}$$

Den so gegebenen Kanal bezeichnen wir in Anlehnung an die Kennzeichnung einer Quelle mit dem Symbol

$$[A, p_x, B]. \tag{6}$$

Wir kommen nun zur

Definition des stationären Kanals:

Ein Kanal $[A, p_x, B]$ *heißt stationär, wenn mit dem in Kap. 3 definierten Verschiebeoperator* T *die Beziehung*

$$p_{Tx} (TS) = p_x (S) \tag{7}$$

für alle $S \in \mathbf{B_B}$, $x \in \mathbf{B_A}$ *gilt.*

Ein stationärer Kanal ist also wieder in seinen wahrscheinlichkeitstheoretischen Eigenschaften zeitlich invariant.

In den meisten Anwendungen hängt nun die Wahrscheinlichkeit $p_x\,(y_k = \beta)$, daß also $y_k = \beta \in B$ ist, wenn x gesendet wurde, nicht von allen Buchstaben x_i, $i \in I$ des Signals $x \in A^*$ ab, sondern nur von einem Teil der x_i, nämlich denjenigen, deren Index in der Nähe von k liegt. Dabei setzen wir zunächst immer voraus, daß es sich um Kanäle ohne Vorgriff handelt:

Definition des Kanals ohne Vorgriff:

Man spricht von einem Kanal ohne Vorgriff, wenn die Wahrscheinlichkeit

$$p_x\,(y_k = \beta), \quad k \text{ fest}, \beta \in B \tag{8}$$

für alle x mit denselben Buchstaben

$$x_k, x_{k-1}, x_{k-2}, \ldots \tag{9}$$

dieselbe ist, m. a. W., wenn die Wahrscheinlichkeit (8) *von den nach* $k \in I$ *am Eingang angelieferten Buchstaben*

$$x_{k+1}, x_{k+2}, \ldots \tag{10}$$

nicht abhängt.

Außerdem hängt in vielen Fällen diese Wahrscheinlichkeit auch nicht von allen vorangehenden Buchstaben ab, man spricht davon, daß der Kanal kein unendliches Gedächtnis hat:

Definition des Kanals mit endlichem Gedächtnis:

Ein Kanal hat ein endliches Gedächtnis der Länge m, *wenn die Wahrscheinlichkeit*

$$p_x\,(y_k = \beta), \beta \in B, k \in I \text{ fest} \tag{11}$$

(außer eventuell von späteren Buchstaben bei Kanälen mit Vorgriff) nur von den Buchstaben

$$x_k, x_{k-1}, x_{k-2}, \ldots, x_{k-m} \tag{12}$$

abhängt und m *die kleinste positive Zahl aus* I *ist, für die dieses gilt. Die Zahl* m *selbst heißt auch das Gedächtnis des Kanals. Für* m = 0 *spricht man von einem Kanal ohne Gedächtnis.*

4.2. Anschluß eines Kanals an die speisende Quelle

Es sei nun eine Quelle [A, q] und ein Kanal [A, p_x, B] gegeben, das Alphabet der Quelle stimme also mit dem Eingangsalphabet des Kanals überein, so daß der Kanal ohne weiteres an die Quelle angeschlossen werden kann. Man sagt, die Quelle [A, q] *speise* den Kanal [A, p_x, B]. Wahrscheinlichkeitstheoretisch liegt hier nun ein zweifaches Einwirken des Zufalls vor:

1. Die Auswahl der Nachricht $x \in A^*$ ist zufällig, wahrscheinlichkeitstheoretisch durch die Verteilung q (S), S $\in$ **B**$_A$ beschrieben.

2. Bei gegebenem $x \in A^*$ ist wegen der Störungen der Empfang $y \in B^*$ am Kanalende zufällig, beschrieben durch die Verteilungen $p_x(\sigma)$, $\sigma \in \mathbf{B}_B$.

Wir konstruieren jetzt einen Wahrscheinlichkeitsraum, der als Ereignismenge, als Nachrichtenraum C^* das kartesische Produkt der Nachrichtenräume A^* und B^* hat. Ausführlich heißt das: Die Elementarereignisse des Nachrichtenraumes

$$C^* = A^* \times B^* \tag{1}$$

sind alle möglichen geordneten Paare (x, y) mit $x \in A^*$ und $y \in B^*$. Bezeichnet man mit C die Gesamtheit aller Paare von Buchstaben $\alpha \in A$ und $\beta \in B$, also $(\alpha, \beta) \in C$, so kann man C als ein neues Alphabet auffassen. Hat A wieder a Buchstaben, B b Buchstaben, so hat C $a \cdot b$ Buchstaben (α, β). Die Gesamtheit aller Nachrichten, d.h. der Paare (x, y) heißt dann C^*.

Auf der σ-Algebra $\mathbf{B}_C$ über C^* — wobei wir wieder die kleinste σ-Algebra über diesem Nachrichtenraum, die alle Zylinder mit Buchstaben aus C enthält, betrachten wollen — muß nun ein Wahrscheinlichkeitsmaß eingeführt werden. Es seien Untermengen $M \in \mathbf{B}_A$, $N \in \mathbf{B}_B$ gegeben. Offenbar ist das kartesische Produkt

$$S = M \times N \tag{2}$$

eine Menge von Paaren $(x, y) \in S$ mit $x \in M$, $y \in N$ und $S \subset C^*$. Die Verteilung auf $\mathbf{B}_A$ ist gegeben durch $q(M)$, während die Verteilung auf $\mathbf{B}_B$ bei gegebenem $x \in A^*$ durch $p_x(N)$ gegeben ist, daher gilt nach den Regeln der Wahrscheinlichkeitsrechnung

$$P(S) = P(M \times N) = \int_M p_x(N)\, d\, q(x). \tag{3}$$

Speziell ist jeder Zylinder $Z \in \mathbf{B}_C$ das kartesische Produkt eines Zylinders $Z_A \in \mathbf{B}_A$ mit einem Zylinder $Z_B \in \mathbf{B}_B$. Nach Gleichung (3) kann man dann die Wahrscheinlichkeit des Zylinders Z berechnen.

Man erkennt, daß die Verbindung eines Kanals $[A, p_x, B]$ mit der speisenden Quelle $[A, q]$ eindeutig eine neue Quelle $[C, P]$ bestimmt. Als Alphabet C dieser Quelle hat man das kartesische Produkt der Einzelalphabete

$$C = A \times B, \tag{4}$$

als Menge C^* aller Elementarereignisse (x, y), d.h. als Nachrichtenraum

$$C^* = A^* \times B^* \tag{5}$$

und die Wahrscheinlichkeitsverteilung ist durch (3) gegeben. Man nennt die so neu definierte Quelle eine *Doppelquelle*. Wir beweisen nun den
Satz:

Wenn die Quelle $[A, q]$ und der Kanal $[A, p_x, B]$ stationär sind, dann ist auch die Doppelquelle $[C, P]$ stationär.

Beweis: Es sei $S = X \times Y \in \mathbf{B_C}$, $X \in \mathbf{B_A}$, $Y \in \mathbf{B_B}$; offenbar ist $TS = TX \times TY$, daher folgt nach Gleichung (3)

$$P(TS) = \int\limits_{x \in TX} p_x(TY)\, dq(x),$$

oder mit $x = Tz$

$$P(TS) = \int\limits_{Tz \in TX} p_{Tz}(TY)\, dq(Tz).$$

Wegen der Stationärität der Quelle $[A, q]$ ist $q(Tz) = q(z)$, d.h. $dq(Tz) = dq(z)$ und wegen der Stationärität des Kanals $[A, p_x, B]$ gilt $p_{Tz}(TY) = p_z(Y)$, d.h.

$$P(TS) = \int\limits_{z \in X} p_z(Y)\, dq(z),$$

das ist aber $P(S)$ selbst. Die Gleichung gilt für alle kartesischen Produkte $S = X \times Y$, daher auch für alle Zylinder und somit für alle Elemente der σ-Algebra $\mathbf{B_A} \otimes \mathbf{B_B}$, die von diesen Produkten erzeugt wird.

Wir kehren noch einmal zur Gleichung (3) für die Wahrscheinlichkeit $P(S)$ zurück und konstruieren hieraus eine neue Wahrscheinlichkeit. Setzt man nämlich $M_0 = A^*$, läßt also x ein beliebiges Element aus A^* sein, hält aber $N \in \mathbf{B_B}$ fest, so ist

$$P(S_0) = P(M_0 \times N) = P(A^* \times N) \tag{7}$$

die Wahrscheinlichkeit des Ereignisses, daß $x \in A^*$ und $y \in N$ ist, das erste dieser beiden Teilereignisse besitzt aber die Wahrscheinlichkeit Eins, es ist also (7) einfach die Wahrscheinlichkeit dafür, daß man am Ausgang des Kanals eine Folge $y \in N$ erhält. Man nennt sie

$$Q(N) = P(A^* \times N). \tag{8}$$

Die Randverteilung $Q(N)$ spielt in bezug auf den Wahrscheinlichkeitsraum $(B^*, \mathbf{B_B})$ dieselbe Rolle wie $q(M)$ in bezug auf $(A^*, \mathbf{B_A})$; denn es ist doch offensichtlich

$$P(M \times B^*) = \int\limits_M p_x(B^*)\, d\,q(x) = \int\limits_M d\,q(x) = q(M).$$

Ausführlich folgt aus Gleichung (3)

$$Q(N) = \int\limits_{A^*} p_x(N)\, d\,q(x). \tag{9}$$

Man kann also auch von einer einfachen Quelle am Ausgang des Kanals sprechen. Diese
Quelle sendet Folgen

$$y = (\ldots, y_{-1}, y_0, y_1, y_2, \ldots)$$

aus und ist, genau wie die Doppelquelle [C, P], eindeutig durch die Quelle [A, q] und den
Kanal [A, p_x, B] bestimmt. Ihr Alphabet ist B, ihre elementaren Ereignisse die Folgen y
und ihre Wahrscheinlichkeitsverteilung Q(S). Wir nennen sie die *Ausgangsquelle* [B, Q]
und zeigen jetzt kurz eine wichtige Eigenschaft:

Satz:
Ist die Quelle [A, q] *und der Kanal* [A, p_x, B] *stationär, so ist auch die Ausgangsquelle*
[B, Q] *stationär.*

Beweis: Offensichtlich gilt

$$Q(TN) = P(A^* \times TN) = P(TA^* \times TN) = P(A^* \times N) = Q(N),$$

da ja die Doppelquelle stationär unter den Voraussetzungen dieses Satzes war.

4.3. Die Transinformation oder die Übertragungsgeschwindigkeit der Information

Im vorigen Kapitel wurde bewiesen, daß jede stationäre Quelle eine bestimmte Entropie
besitzt. Da die Quelle [A, q] und der Kanal [A, p_x, B] im folgenden als stationär angenommen werden, wird jede der drei Quellen [A, q], [B, Q] und [C, P] eine bestimmte
Entropie besitzen. Wir wollen (nach *Shannon*) diese drei Entropien mit H(X), H(Y) und
H(X, Y) bezeichnen.

Wir erinnern kurz an die Entropiedefinition für [A, q], also die Definition von H(X). Es
sei H_n (X) die Entropie des endlichen Nachrichtenraumes, dessen Elementarereignisse die
von der Quelle A ausgesendeten a^n Wörter

$$w_n' = x_0 x_1 \ldots x_{n-1} \tag{1}$$

waren, die als Zylinder in A* eine bestimmte Wahrscheinlichkeit q (w_n') besitzen. Dann
war

$$H(X) = \lim_{n \to \infty} \frac{H_n(X)}{n}. \tag{2}$$

Völlig analog definieren wir

$$H(Y) = \lim_{n \to \infty} \frac{H_n(Y)}{n} \tag{3}$$

und

$$H(X, Y) = \lim_{n \to \infty} \frac{H_n(X, Y)}{n} \tag{4}$$

wobei $H_n(Y)$ und $H_n(X, Y)$ die Entropien der endlichen Wahrscheinlichkeitsräume der Wörter

$$w_n'' = y_0 y_1 \ldots y_{n-1}; \; y_i \in B \tag{5}$$

bzw.

$$w_n = (x_0, y_0), (x_1, y_1), \ldots, (x_{n-1}, y_{n-1}), \; (x_i, y_i) \in C \tag{6}$$

sind. Hat B genau b Buchstaben, so gibt es b^n Wörter der Art (5) und mit den a Buchstaben des Alphabets A genau $(a \cdot b)^n = a^n b^n$ Wörter der Art (6).

Das Wort (6) der Paare (x_i, y_i), $i = 0, 1, \ldots, n-1$ kann man nun aber, wie früher schon gezeigt, als Paar von Wörtern (1) und (5) deuten. Damit ist nach den bekannten Eigenschaften der Entropie endlicher Wahrscheinlichkeitsräume

$$H_n(X, Y) = H_n(X \times Y) = H_n(X) + H_n(Y \mid X),$$
$$H_n(X, Y) = H_n(X \times Y) = H_n(Y) + H_n(X \mid Y), \tag{7}$$

wobei $H_n(Y \mid X)$ die mittlere bedingte Entropie der Wörter $y_0 y_1 \ldots y_{n-1}$ unter der Bedingung, daß irgendein Wort $x_0 x_1 \ldots x_{n-1}$ mit $x_i \in A$ realisiert wurde, ist und $H_n(X, Y)$ analog definiert wird.

Daher gilt

$$H_n(Y \mid X) = H_n(X, Y) - H_n(X),$$
$$H_n(X \mid Y) = H_n(X, Y) - H_n(Y), \tag{8}$$

und wegen der Definitionen (2), (3), (4) und wegen der Stationarität aller Quellen existieren dann die Grenzwerte

$$H(Y \mid X) = \lim_{n \to \infty} \frac{H_n(Y \mid X)}{n} = H(X, Y) - H(X)$$

und

$$H(X \mid Y) = \lim_{n \to \infty} \frac{H_n(X \mid Y)}{n} = H(X, Y) - H(Y).$$

Man kann nun nach dem früher Gesagten die sogenannte *Irrelevanz* $H(Y \mid X)$ als die bedingte Entropie pro Symbol der Quelle [B, Q] bei bekannten, von der Quelle [A, q] ausgesendeten x — gemittelt über alle $x \in A^*$ — ansehen, d.h. als die mittlere bedingte Entropie pro Symbol der Quelle [B, Q] unter der Bedingung, daß die Quelle [A, q] gesendet hat. Bei einem Übertrager, d.h. Kanal ohne Störungen, ist natürlich $H_n(Y \mid X) = 0$, da alle Übergangswahrscheinlichkeiten bis auf eine Null sind.

Die Größe $H(X \mid Y)$, die sogenannte *Äquivokation* ist die bedingte Entropie pro Buchstaben der Quelle [A, q] bei bekannten, von der Quelle [B, Q] ausgesendeten y, wieder gemittelt über alle y, d.h. die mittlere bedingte Entropie pro Symbol der Quelle, unter der Bedingung, daß Empfang stattgefunden hat.

Vom Standpunkt der weiteren Betrachtungen aus interessiert uns vornehmlich die letztere Größe. Zunächst war die Entropie ein Maß für die Unbestimmtheit in einem Wahrscheinlichkeitsraum und damit für die Information, die man bei Kenntnis des Versuchsausgangs erhält. Ist also $H_n(X)$ ein Maß für die Unbestimmtheit im Raum der Wörter w'_n, so ist $H_n(X \mid Y)$ das mittlere Maß an Unbestimmtheit desselben Raumes der w'_n, unter der Bedingung, daß am Ausgang das Wort w''_n empfangen wurde, in bezug auf letztere wurde dabei noch der Erwartungswert gebildet. Die Größe $H_n(X \mid Y)$ gibt uns also an, wie groß die noch im Raume der Wörter w'_n verbliebene Restentropie ist, wenn ein Wort über den Kanal übertragen wurde. Die Größe $H(X \mid Y)$ ist also die mittlere Unbestimmtheit pro Symbol der Quelle $[A, q]$ unter der Bedingung, daß die Nachricht über den Kanal gegeben wurde; die also in dem Raume der Wörter $w'_n = x$, $(n \to \infty)$ verblieben ist, wenn die Nachrichten empfangen sind.

Andererseits ist $H_n(X)$ die Informationsmenge des Wahrscheinlichkeitsraumes der Wörter w'_n und $H_n(X \mid Y)$ die Information, die nach Übermittlung eines Signals über den Kanal dem Feld verbleibt. Die Differenz

$$H_n(X) - H_n(X \mid Y),$$

die nach den bekannten Eigenschaften der Entropie nichtnegativ ist, kann man also als den Erwartungswert (in bezug auf alle empfangenen Signale) der Information auffassen, die durch die Übertragung eines Wortes w'_n entsteht.

Dann interpretiert man aber $R(X, Y) = H(X) - H(X \mid Y)$ als die Menge an Information pro Buchstabe, die man bei Übertragung eines Signals der Quelle $[A, q]$ im Mittel erhält, sie heißt die *Synentropie* oder *Transinformation*. Die Größe $H(X \mid Y)$ interpretiert man als Betrag der Unbestimmtheit, der nach der Übertragung über den Kanal noch vorhanden ist, pro Symbol natürlich, da sie eben bei bekanntem Ausgangssignal $h(x \mid y)$ noch eine Restentropie, einen Rest von Unbestimmtheit für den Wahrscheinlichkeitsraum der Eingangsnachrichten darstellt.

Ist $H(X \mid Y) = 0$, so kann das nur der Fall sein, wenn eine eindeutige Zuordnung zwischen den Empfangs- und Sendesignalen besteht. Man spricht in diesem Fall von einer ungestörten Übertragung. Im Falle $a = b$, d.h. bei gleichen Umfängen des Eingangs- und Ausgangsalphabetes folgt aus $H_n(X \mid Y) = 0$ nun $H_n(Y \mid X) = 0$ und umgekehrt. Hier fallen also die Begriffe ungestörter Kanal und ungestörte Übertragung zusammen.

Die Synentropie $R(X, Y)$ kann interpretiert werden als Information der Quelle, vermindert um den Informationsverlust bei der Übertragung, also als mittlerer Informationsgehalt des Buchstabens bei der Übertragung. Das aber ist die *Übertragungsgeschwindigkeit der Information* pro Symbol.

Definition der Übertragungsgeschwindigkeit der Information:

Die Transinformation oder Synentropie

$$R(X, Y) = H(X) - H(X \mid Y) \tag{10}$$

nennt man Übertragungsgeschwindigkeit der Information oder Geschwindigkeit, mit der die Information der Quelle [A, q] über den Kanal [A, p$_x$, B] übertragen wird. Sie ist eindeutig durch die Entropien der Quellen [A, q], [B, Q] und [C, P] bestimmt.

Man erhält leicht aus (10) und (9) noch die Form

$$H(X \mid Y) = H(X, Y) - H(Y)$$

und damit

$$R(X, Y) = H(X) + H(Y) - H(X, Y) \tag{11}$$

Noch einmal in anderen Worten ist $R(X, Y)$ die Entropiebilanz nach Übertragung über den Kanal, die Unbestimmtheit im Wahrscheinlichkeitsraum der Quelle ist durch den Empfang am Ende des Kanals reduziert worden.

Um Anschluß an die Schreibweise anderer Autoren, wie *Kolmogoroff* u. a. zu bekommen, wollen wir noch den Ausdruck (10) bzw. (11) etwas umschreiben.

Nach Definition war doch

$$H(X) = - \lim_{n \to \infty} \frac{1}{n} \sum_{w'_n} q(w'_n) \log q(w'_n),$$

$$H(Y) = - \lim_{n \to \infty} \frac{1}{n} \sum_{w''_n} Q(w''_n) \log Q(w''_n) \tag{12}$$

$$H(X, Y) = - \lim_{n \to \infty} \frac{1}{n} \sum_{w'_n, w''_n} P(w_n) \log P(w_n)$$

wobei w'_n n-gliedrige Wörter des Alphabets A, also Zylinder aus $\mathbf{B}_A$ sind, w''_n n-gliedrige Wörter des Alphabets B und w_n ein n-gliedriges Wort des Alphabets C ist.

Bei wahrscheinlichkeitstheoretischen Betrachtungen verwendet man nun, wie oben schon erwähnt, eigentlich die Zylinder über den Wörtern. Diese Zylinder erzeugen die σ-Algebren $\mathbf{B}_A$, $\mathbf{B}_B$ und $\mathbf{B}_C$. Die σ-Algebra $\mathbf{B}_C$ wird aber auch von allen meßbaren Rechtecken $w'_n \times w''_n$ erzeugt, d.h. von den Zylindern mit Seiten aus $\mathbf{B}_A$ und $\mathbf{B}_B$. Man spricht dann in etwas lockerer Sprechweise von den kartesischen Produkten der Wörter $w'_n \times w''_n$.

Das Wort w_n bzw. der Zylinder darüber kann so auch als kartesisches Produkt der Zylinder w'_n und w''_n geschrieben werden und damit lautet die letzte der Gleichungen (12)

$$H(X, Y) = - \lim_{n \to \infty} \frac{1}{n} \sum_{w'_n, w''_n} P(w'_n \times w''_n) \log P(w'_n \times w''_n).$$

Nun folgen wie im Abschnitt 4.2 aus $P(w_n)$ die Rand- oder Marginalverteilungen

$$q(w_n') = P(w_n' \times B_n), \quad Q(w_n'') = P(A_n \times w_n''), \tag{13}$$

wenn A_n und B_n hier die Ereignismengen der n-gliedrigen Wörter sind. Selbstverständlich kann man auch schreiben

$$q(w_n') = \sum_{w_n'' \in B_n} P(w_n' \times w_n''),$$

$$Q(w_n'') = \sum_{w_n' \in A_n} P(w_n' \times w_n''), \tag{14}$$

da die Wörter disjunkte Ereignisse sind.

Dann folgt aber aus (12)

$$H(X) = - \lim_{n \to \infty} \frac{1}{n} \sum_{w_n', w_n''} P(w_n' \times w_n'') \log q(w_n'),$$

$$H(Y) = - \lim_{n \to \infty} \frac{1}{n} \sum_{w_n', w_n''} P(w_n' \times w_n'') \log Q(w_n''), \tag{15}$$

und damit gilt

$$R(X, Y) = - \lim_{n \to \infty} \frac{1}{n} \sum_{w_n', w_n''} P(w_n' \times w_n'') \cdot \left\{ \log q(w_n') + \log Q(w_n'') - \log P(w_n' \times w_n'') \right\},$$

$$R(X, Y) = \lim_{n \to \infty} \frac{1}{n} \sum_{w_n', w_n''} P(w_n' \times w_n'') \log \frac{P(w_n' \times w_n'')}{q(w_n') Q(w_n'')}. \tag{16}$$

Nach dem Grenzübergang können wir auch

$$R(X, Y) = \iint_{A^* \times B^*} \log \frac{P(x, y)}{q(x) Q(y)} \, d P(x, y) \tag{17}$$

schreiben, oder in einer Schreibweise, die sehr anschaulich ist, weil sie direkt die Summation über alle Elementarereignisse andeutet

$$R(X, Y) = \int_{A^* \times B^*} \log \frac{P(x, y)}{q(x) Q(y)} P(dx, dy). \tag{18}$$

4.4. Die Kanalkapazität oder Durchlaßkapazität

Im vorigen Abschnitt hatten wir aus der Kenntnis der Quelle [A, q] und des Kanals
[A, p_x, B] die Doppelquelle [C, P] und die Ausgangsquelle [B, Q] hergeleitet. Ohne Beweis, der in [4] zu finden ist, sei hier folgender, offensichtlich sofort einleuchtender Satz
aufgezeigt:

Satz:

Die Quelle [A, q] *sei ergodisch, der Kanal* [A, p_x, B] *sei ohne Vorgriff und besitze ein
endliches Gedächtnis der Länge m; dann ist sowohl die Doppelquelle* [C, P] *wie auch die
Ausgangsquelle* [B, Q] *ergodisch.*

Wir haben damit aus einer ergodischen Quelle [A, q] und einem Kanal [A, p_x, B] ohne
Vorgriff und mit endlichem Gedächtnis zwei neue ergodische Quellen konstruiert. Wir
benötigen die Ergodizität dieser Quellen später aus beweistechnischen Gründen.

Zunächst einmal soll jetzt eine der wichtigsten Definitionen der Informationstheorie gegeben werden, mit der wir uns noch weiter beschäftigen werden.

Definition der Durchlaßkapazität eines Kanals:

Gegeben sei ein stationärer Kanal [A, p_x, B] *ohne Vorgriff und mit endlichem Gedächtnis.
Wird dieser Kanal durch eine beliebige stationäre Quelle gespeist, so erhält man eine bestimmte Übertragungsgeschwindigkeit der Nachricht, eine bestimmte Transinformation*

$$R(X, Y) = H(X) - H(X \mid Y). \tag{1}$$

*Diese Geschwindigkeit hängt von der speisenden Quelle ab, man bezeichnet die obere
Grenze für alle den Kanal speisenden ergodischen Quellen* [A, q] *als die (ergodische)
Durchlaßkapazität des Kanals oder kurz die Kanalkapazität:*

$$C = \sup_{[A,\, q]} R(X, Y) = \sup_{[A,\, q]} \left\{ H(X) - H(X \mid Y) \right\} \tag{2}$$

Nach der Definition hängt C also nur vom Kanal ab, nicht von der speisenden Quelle.

Wir wollen noch von der Einschränkung der ergodischen speisenden Quellen fortkommen
und bringen daher noch kurz den

Satz von Zaregradski:

Die ergodische Durchlaßkapazität (2) *ist gleich der stationären Durchlaßkapazität, d. h.
die obere Grenze der Übertragungsgeschwindigkeiten bleibt gleich, wenn wir alle stationären Quellen* [A, q] *zur Speisung des stationären Kanals* [A, p_x, B] *ohne Vorgriff und
mit endlichem Gedächtnis zulassen.*

Beweisskizze (vgl. [25]):

Wir bezeichnen mit C_e die ergodische und mit C_s die stationäre Durchlaßkapazität des betrachteten Kanals. Ist nun V_e die Vereinigung aller möglichen den Kanal speisenden ergodischen Quellen und V_s die Vereinigung aller den Kanal speisenden stationären Quellen, so ist sicher

$$V_e \subset V_s \tag{3}$$

denn nicht alle stationären Prozesse sind ergodisch. Dann ist aber sicher nach Definition der Kanalkapazität

$$C_e \leqslant C_s \tag{4}$$

Die Umkehrung dieser Ungleichung ist schwieriger zu beweisen. Es wird eine Größe C_0 konstruiert, von der gezeigt werden kann, daß

$$C_s \leqslant C_0 \tag{5}$$

ist. Andererseits kann man stets eine ergodische Quelle [A, q] so finden, daß die Übertragungsgeschwindigkeit mit dieser Quelle für beliebig kleine $\epsilon > 0$

$$R(X, Y) > C_0 - \epsilon \tag{6}$$

wird. Dann gilt das erst recht für die obere Grenze der Größen (6) und damit ist

$$C_e \geqslant C_s, \tag{7}$$

also schließlich

$$C_e = C_s.$$

Dieser Satz von *Zaregradski* zeigt, daß man die *Shannon*schen Sätze auch ohne die Annahme der Ergodizität der stationären Quellen beweisen kann, aus Gründen der Einfachheit der Darstellung wollen wir sie hier aber annehmen.

4.5. Ein Beispiel für einen Kanal mit Störungen

Zum Abschluß des vierten Kapitels wollen wir uns noch ein Beispiel ansehen.

Gegeben sei ein Kanal mit den Alphabeten $A = B = \{0, L\}$, also ein binärer Kanal. An der Quelle treten die Zeichen 0 und L in den Nachrichten x unabhängig voneinander auf und zwar je mit der Wahrscheinlichkeit $\frac{1}{2}$. Der Kanal übertrage 1000 Symbole pro Zeiteinheit mit einer Fehlerwahrscheinlichkeit von 1 %.

Bei der Frage nach der Übertragungsgeschwindigkeit der Information wird man zunächst gefühlsmäßig annehmen, der Kanal transportiere 990 richtige Symbole/sec, indem man die Fehler-Erwartungswerte von 1000 subtrahiert. Denkt man aber daran, daß bei 50 %

Fehlern keine Information mehr übertragen wird, da man die Übertragung einfach beendern und am Empfangsort z.B. das Wappen- und Zahl-Spiel ablaufen lassen kann, so sieht man, daß diese einfache Subtraktion, die hier noch immer 500 Symbole/sec liefern würde, nicht richtig ist. Wir nehmen also die Transinformation

$$R = H(X) - H(X \mid Y). \tag{1}$$

Ist eine 0 empfangen worden, so war mit der Wahrscheinlichkeit 0,99 der gesendete Buchstabe eine 0, ebenso bei L, es ist also

$$H(X \mid Y) = - \left\{ 0,99 \log 0,99 + 0,01 \log 0,01 \right\} \cdot 2 \cdot \frac{1}{2}$$

$$H(X \mid Y) = 0,081 \text{ bit/Symbol} \tag{2}$$

oder 81 bit/sec, die Übertragungsgeschwindigkeit ist dann $(H(X) = 1$ bit/symb.)

$$R(X, Y) = 919 \text{ bit/sec},$$

für den Extremalfall $p(x \mid y) = \frac{1}{2}$, für x, y = 0, L ist die Äquivokation

$$H(X \mid Y) = -\frac{1}{2} \log \frac{1}{2} \cdot 2 = 1 \text{ bit/Symbol},$$

also bei 1000 Symbolen/sec die Transinformation

$$R(X, Y) = 1000 - 1000 = 0,$$

es wird hier keine Information mehr übermittelt, wie es ja zu erwarten ist.

5. Der Satz von Feinstein

5.1. Formulierung des Satzes

Feinstein hat 1954 in seiner sehr bekannt gewordenen Dissertation (vgl. [7]) den im folgenden behandelten Fundamentalsatz für Kanäle aufgestellt, der von großer Bedeutung für die Informationstheorie ist, weil er ohne Voraussetzungen über die speisenden Quellen allein aus den Eigenschaften des Übertragungskanals sehr weitreichende Aussagen liefert.

Gegeben sei wieder ein stationärer Kanal $[A, p_x, B]$ ohne Vorgriff und mit endlichem Gedächtnis der Länge m. Wieder seien mit

$$\begin{aligned} x &= \{ \ldots, x_{-1}, x_0, x_1, \ldots \} \in A^*, \\ y &= \{ \ldots, y_{-1}, y_0, y_1, \ldots \} \in B^* \end{aligned} \tag{1}$$

die Elementarereignisse (Nachrichten) der Ereignismengen (Nachrichtenräume) A^* und B^* bezeichnet.

Es sei nun n eine beliebige feste natürliche Zahl, ferner sei

$$u = x_{-m}\, x_{-m+1} \cdots x_{-1}\, x_0\, x_1 \cdots x_{n-1} \tag{2}$$

ein Wort der Länge m + n mit $x_i \in A$. Die Anzahl der möglichen Wörter u ist, wenn das Alphabet A wieder a Buchstaben enthält, gleich a^{m+n}.

Analog sei

$$v = y_0 y_1 \cdots y_{n-1}; \quad y_k \in B \tag{3}$$

ein Wort der Länge n aus Buchstaben des Alphabets B, von denen b^n möglich sind, wenn das Alphabet B b Buchstaben enthält.

Da das Gedächtnis des gegebenen Kanals gleich m ist, betrachtet man die Wahrscheinlichkeit

$$p_x(v) = P(y \in Z_v \,|\, x), \tag{4}$$

daß bei ausgesendeten x am Kanalende eine Nachricht aus dem Zylinder $Z_v \subset B^*$ über v empfangen wird. Dieser Zylinder Z_v ist der gleiche für alle $x \in Z_u$, also für alle x aus dem Zylinder $Z_u \subset A^*$, der jetzt durch das Wort u definiert ist. Die Wahrscheinlichkeit (4) hängt also nur von den ausgewählten Wörtern u und v ab, man kann daher schreiben:

$$p_x(v) = p_u(v) = P\left\{ y \in Z_v \,|\, u \right\}. \tag{5}$$

Ist nun V eine Menge von Wörtern $v \in V$, so ist

$$p_u(V) = P(y \in \bigcup_{v \in V} Z_v \,|\, u) \tag{6}$$

die Wahrscheinlichkeit des Ereignisses, daß y in der Vereinigung der Zylinder Z_v — definiert durch die Wörter v und deren Vereinigung V — liegt, wenn u gesendet wurde, d.h. ein $x \in Z_u$.

Es sei jetzt ϵ eine Konstante mit

$$0 < \epsilon < \frac{1}{2} \ , \tag{7}$$

dann definiert man:

Definition der unterscheidbaren Familie:

Eine Familie von Wörtern

$$\{ u_i; \ i = 1, 2, \ldots, N \} \tag{8}$$

heißt unterscheidbar, wenn eine Familie von Wortmengen

$$\left\{ V_i; \ i = 1, 2, \ldots, N; \ V_i \in \mathbf{B_B} \right\}$$

existiert, wobei die V_i Vereinigungen von Wörtern v sind, derart daß
1. der Durchschnitt $V_i \cap V_k$, $i \neq k$ leer ist, d.h. für $i \neq k$ die Vereinigungen V_i und V_k keine gemeinsamen Wörter enthalten.
2. Die Wahrscheinlichkeit

$$p_{u_i}(V_i) = P(y \in \bigcup_{v \in V_i} Z_v \mid x \in Z_{u_i}) > 1 - \epsilon, \quad \epsilon > 0$$

ist. $i = 1, 2, \ldots, N,$

Die Definition der unterscheidbaren Familie von Wörtern hängt offensichtlich von ϵ ab; für kleine ϵ wird man wegen der Forderung 2 bei Sendung des Wortes u_i mit nahe bei 1 liegender Wahrscheinlichkeit ein Wort aus der Vereinigungsmenge V_i erhalten. Da die V_i fremd untereinander sind, läßt sich bei bekannten $v \in V_i$ mit nahe bei 1 liegender Wahrscheinlichkeit das gesendete Wort u_i erraten. Wenn man also bei der Übertragung von Nachrichten nur Wörter einer unterscheidbaren Familie benutzt, kann man trotz der Störungen die gesendeten Signale mit großer Wahrscheinlichkeit schätzen. Die Frage, ob man einen zu sendenden Text auf solche Wörter u_i abbilden, in solche Wörter u_i codieren kann, hängt natürlich weitgehend von der möglichen Anzahl der u_i ab. Der Satz von *Feinstein* sichert, daß für hinreichend große n auch die Anzahl dieser Wörter sehr groß ist. Wir formulieren nun den

Satz von Feinstein:

Gegeben sei ein stationärer Kanal ohne Vorgriff und mit endlichem Gedächtnis. Es existiert dann stets für hinreichend großes n und beliebig kleine $\epsilon > 0$ eine unterscheidbare Familie $\{ u_i, i = 1, 2, \ldots, N \}$ von Wörtern u_i mit einem Umfang

$$N > 2^{n(C - \epsilon)} \tag{9}$$

wobei C die Durchlaßkapazität des Kanals ist.

Bevor wir zum Beweis des Fundamentalsatzes schreiten, müssen wir noch einen kleinen Hilfssatz beweisen.

5.2. Ein Hilfssatz

Gegeben seien zwei endliche Wahrscheinlichkeitsräume A, B und ihr kartesisches Produkt A × B. Es sei mit den üblichen Bezeichnungen

$$W \subset \Omega_1 \times \Omega_2 \tag{1}$$

eine Untermenge von elementaren Ereignissen $(\omega_i^1, \omega_k^2) \in W \subset \Omega_1 \times \Omega_2$ und

$$V \subset \Omega_1 \tag{2}$$

eine Untermenge von elementaren Ereignissen $\omega_i^1 \in V \subset \Omega_1$. Ferner sei mit $\delta_1 > 0$, $\delta_2 > 0$

$$P(W) > 1 - \delta_1 ; \quad P(V) > 1 - \delta_2. \tag{3}$$

Die Menge aller

$$\omega_k^2 \in \Omega_2 \text{ mit } (\omega_i^1, \omega_k^2) \notin W \tag{4}$$

sei Γ_i, $i \in [1, n]$ und U_1 sei die Menge der Ereignisse

$$\omega_i^1 \in V \text{ mit } P(\Gamma_i | \omega_i^1) \leqslant \alpha. \tag{5}$$

Dann gilt der

Hilfssatz:

Es ist unter den aufgeführten Voraussetzungen

$$P(U_1) > 1 - \delta_2 - \frac{\delta_1}{\alpha}. \tag{6}$$

Beweis: Es sei die Ausnahmemenge

$$U_2 = \{\omega_i^1\} \text{ mit } P(\Gamma_i | \omega_i^1) > \alpha, \tag{7}$$

die Menge aller $\omega_i^1 \in V$, für die die Ungleichung (5) nicht gilt, d.h. es ist

$$U_1 = V - V \cap U_2 = V - U_2. \tag{8}$$

Ist nun $\omega_i^1 \in U_2$, so gilt, da die ω_i^1 einander ausschließen

$$P(\omega_i^1 \cap \Gamma_i) = P(\Gamma_i | \omega_i^1) \, P(\omega_i^1) > \alpha \, P(\omega_i^1), \tag{9}$$

und daher

$$P\left(\bigcup_{\omega_i^1 \in U_2} \omega_i^1 \cap \Gamma_i\right) = \sum_{\omega_i^1 \in U_2} P(\omega_i^1 \cap \Gamma_i) > \alpha \sum_{\omega_i^1 \in U_2} P(\omega_i^1) = \alpha P(U_2). \tag{10}$$

Da andererseits alle $\omega_i^1 \cap \Gamma_i$ mit $\omega_i^1 \in \Omega_1$ sich nach Definition von Γ_i mit den Ereignissen von $W \subset \Omega_1 \times \Omega_2$ ausschließen, ist

$$P\left(\bigcup_{\omega_i^1 \in U_2} \omega_i^1 \cap \Gamma_i\right) = \sum_{\omega_i^1 \in U_2} P(\omega_i^1 \cap \Gamma_i) \leqslant 1 - P(W) < \delta_1, \tag{11}$$

wobei berücksichtigt wurde, daß $P\left(\bigcup_{\omega_i^1 \in \Omega_1} \omega_i^1 \cap \Gamma_i\right) + P(W) = P(\Omega_1 \times \Omega_2) = 1$ und $U_2 \subset \Omega_1$ ist. Es gilt daher nach (10) und (11) $\alpha\, P(U_2) < \delta_1$ oder

$$P(U_2) < \frac{\delta_1}{\alpha}. \tag{12}$$

Dann gilt aber erst recht

$$P(V \cap U_2) < \frac{\delta_1}{\alpha} \tag{13}$$

und damit wegen (8)

$$P(U_1) = P(V) - P(V \cap U_2) > P(V) - \frac{\delta_1}{\alpha},$$

und nach (3) schließlich die Behauptung

$$P(U_1) > 1 - \delta_2 - \frac{\delta_1}{\alpha}.$$

5.3. Beweis des Satzes von Feinstein

Es soll jetzt der Fundamentalsatz von *Feinstein* im Anschluß an die *Chintschin*sche Darstellung [4] bewiesen werden.

1. Schritt: Die Quelle

Nach der Definition der Kanalkapazität als obere Grenze der Übertragungsgeschwindigkeit der Nachrichten $R(X, Y)$, kann man sicher eine ergodische Quelle $[A, q]$ so finden, daß für alle $\epsilon > 0$

$$R(X, Y) = H(X) - H(X \mid Y) > C - \frac{\epsilon}{4} \tag{1}$$

gilt. Die Quelle gehorcht dem Satz von *McMillan* und besitzt damit die Eigenschaft der asymptotischen Gleichverteilung: Es ist mit beliebig nahe an 1 liegender Wahrscheinlichkeit für die Wörter

$$w = x_0 x_1 \ldots x_{n-1} \tag{2}$$

die Ungleichung

$$\left| \frac{\log q(w)}{n} + H(X) \right| \leqslant \frac{\epsilon}{4} \tag{3}$$

für hinreichend große n erfüllt. Die Wahrscheinlichkeit für die Vereinigung aller solcher Wörter, d.h. für die Obermenge W_0 der hochwahrscheinlichen Gruppe ist daher sicher

$$q(W_0) > 1 - \frac{\epsilon}{2} . \tag{4}$$

2. Schritt: *Die Doppelquelle*

Die Doppelquelle [C, P] ist mit [A, q] ergodisch und daher gilt auch für sie die asymptotische Gleichverteilung. Jedes Paar (w, v) von Wörtern $w \in A^*$, $v \in B^*$ ist ein Zylinder in C^* und hat eine Wahrscheinlichkeit $P(w \times v)$. Ist Z_0 die Vereinigung aller der Zylinder, für die

$$\left| \frac{\log P(w \times v)}{n} + H(X, Y) \right| \leqslant \frac{\epsilon}{4} \tag{5}$$

gilt, so ist sicher für hinreichend großes n mit $\delta > 0$

$$P(Z_0) > 1 - \delta, \tag{6}$$

Z_0 enthält die hochwahrscheinliche Gruppe der $(w, v) \in C^*$.

3. Schritt: *Die Ausgangsquelle*

Die Quelle [B, Q] ist mit [A, q] ebenfalls ergodisch; wenn wir mit V_0 die Vereinigung aller Wörter $v \in B^*$ bezeichnen, für die

$$\left| \frac{\log Q(v)}{n} + H(Y) \right| \leqslant \frac{\epsilon}{4} \tag{7}$$

ist, so liegt für hinreichend großes n sicher diese Wahrscheinlichkeit beliebig nahe bei Eins; d.h. mit $\delta > 0$ gilt für die Obermenge V_0 der hochwahrscheinlichen Gruppe

$$Q(V_0) > 1 - \delta. \tag{8}$$

4. Schritt: *Eine Hilfsmenge*

Bezeichnet man mit X die Menge aller Wortpaare (w, v), für die die Ungleichungen (5) und (7) gleichzeitig gelten, so gilt sicher

$$P(X) > 1 - \frac{\epsilon^2}{2} , \tag{9}$$

wenn n hinreichend groß ist.

Es sei nun

$$X_w = \{ v \mid (w, v) \in X \} \subset B^*$$

die Vereinigung aller Wörter $v \in B^*$, für die bei festem $w \in A^*$ das Paar (w, v) in X liegt, der sogenannte w-Schritt von X; es gilt

$$X = \bigcup_{w \in A^*} X_w .$$

Es sei ferner

$$W_1 \subset A^*$$

die Menge aller Wörter $w \in A^*$, für die

$$P\left\{X_w \mid w\right\} = \frac{P(w \times X_w)}{q(w)} = \frac{P(w \times X_w)}{P(w \times B^*)} > 1 - \frac{\epsilon}{2} \tag{10}$$

ist.

Die Wahrscheinlichkeit der Menge W_1 schätzen wir mit Hilfe des im letzten Unterabschnitt bewiesenen Hilfssatzes ab. Die Rolle der endlichen Wahrscheinlichkeitsräume, d.h. deren Ereignismengen Ω_1, Ω_2 und $\Omega_1 \times \Omega_2$ übernehmen jetzt die Mengen der Wörter $\{w\}$, $\{v\}$, $\{(w, v)\}$, anstelle W tritt die Menge X, anstelle V die Menge W_0, für δ_1 tritt dann $\frac{\epsilon^2}{2}$ und für δ_2 $\frac{\epsilon}{2}$ ein. Anstelle der Menge Γ_i betrachten wir $V_2 = B^* - X_w$. Schließlich steht statt U_1 die Menge der Wörter $w \in W_0$, für die

$$P\left\{V_2 \mid w\right\} = 1 - P\left\{X_w \mid w\right\} = 1 - \frac{P(w \times X_w)}{q(w)} \leqslant \alpha \tag{11}$$

gilt. Setzt man noch $\alpha = \frac{\epsilon}{2}$, so kann man für U_1 nach (10) einfach W_1 schreiben. Es ist

dann nach der Aussage des Satzes

$$q(W_1) > 1 - \epsilon - \epsilon = 1 - 2\,\epsilon. \tag{12}$$

Es ist jetzt

$$w \in W_1, v \in X_w,$$

so daß nach Definition von X_w

$$(w, v) \in X$$

gilt. Wegen $W_1 \subset W_0$ sind nach Definition der Mengen X und W_0 für (w, v) alle drei Ungleichungen (3), (5) und (7) erfüllt, daher haben wir für $w \in W_1$, $v \in X_w$:

$$\frac{\log q(w)}{n} + H(X) \leqslant \frac{\epsilon}{4},$$

$$\frac{\log Q(v)}{n} + H(Y) \leqslant \frac{\epsilon}{4}, \tag{13}$$

$$\frac{\log P(w \times v)}{n} + H(X, Y) \geqslant -\frac{\epsilon}{4},$$

woraus durch Multiplikation mit n und Subtraktion der ersten beiden von der letzten Ungleichung

$$\log \frac{P(w \times v)}{q(w)\,Q(v)} + n\,[H(X, Y) - H(X) - H(Y)] \geqslant -\frac{3\,n}{4}\,\epsilon \tag{14}$$

folgt.

Nach der Definition der Übertragungsgeschwindigkeit der Nachrichten ist dann aber

$$\log \frac{P(w \times v)}{q(w)\, Q(v)} \geq n\left[R(X, Y) - \frac{3}{4}\,\epsilon\right], \tag{15}$$

und daher

$$\frac{P(w \times v)}{q(w)\, Q(v)} \geq 2^{n\left[R(X,Y) - \frac{1}{4}\,\epsilon\right]}. \tag{16}$$

Da nach (1) aber $R(X, Y) > C - \frac{\epsilon}{4}$ war, folgt sofort für alle $w \in W_1$ und $v \in X_w$

$$\frac{P(w \times v)}{q(w)\, Q(v)} > 2^{n\,[C-\epsilon]}. \tag{17}$$

Multiplizieren wir mit $Q(v)$ und summieren über alle $v \in X_w$, so ist

$$\frac{P(w \times X_w)}{q(w)} > 2^{n(C-\epsilon)} Q(X_w). \tag{18}$$

Die linke Seite dieser Gleichung hat das Maximum 1, also gilt

$$Q(X_w) < 2^{-n(C-\epsilon)}. \tag{19}$$

Damit ist die Wahrscheinlichkeit für die Menge von Ereignissen $X_w \subset B^*$ abgeschätzt.

5. Schritt: *Definition der ausgezeichneten Familie*

Eine Familie von Wörtern über dem Eingangsalphabet

$$\{w_i, i = 1, 2, \ldots, N\},\, w_i \in A^* \tag{20}$$

heißt nach Feinstein ausgezeichnet, wenn man jedem Wort w_i dieser Familie eine Menge

$$B_i \subset B^* \tag{21}$$

so zuordnen kann, daß gilt

1. *Für $i \neq k$ sind die Mengen B_i und B_k fremd:*

$$B_i \cap B_k = \phi.$$

2. $$\frac{P(w_i \times B_i)}{q(w_i)} = P\{B_i | w_i\} > 1 - \epsilon,\, i = 1, 2, \ldots, N, \tag{22}$$

3. $$Q(B_i) < 2^{-n(C-\epsilon)},\, i = 1, 2, \ldots, N,\, \epsilon > 0.$$

Zunächst soll gezeigt werden, daß solche Familien existieren. Nehmen wir ein beliebiges Wort

$$w \in W_1$$

und setzen

$$B = X_w,$$

so ist nach Gleichung (11) und (19)

$$\frac{P(w \times B)}{q(w)} > 1 - \epsilon; \quad Q(B) < 2^{-n(C-\epsilon)},$$

folglich bildet jedes Wort aus W_1 einzeln schon eine ausgezeichnete Familie. Damit ist die Existenz gezeigt. Wir definieren weiter:

Definition der maximalen ausgezeichneten Familie

Eine ausgezeichnete Familie heißt maximal, wenn sie durch Hinzunahme eines weiteren Wortes den Charakter einer ausgezeichneten Familie verliert. Besteht eine ausgezeichnete Familie aus der Gesamtheit aller Wörter w, so heißt auch diese Familie maximal.

6. *Schritt: Anzahl der Elemente einer maximalen ausgezeichneten Familie*

Es sei nun

$$M = \{ w_i, i = 1, 2, \ldots, N \} \tag{23}$$

eine maximale ausgezeichnete Familie von Wörtern mit den zugehörigen Mengen von Ausgangswörtern B_i. Bei beliebigem Wort $w \in A^*$ setzen wir nun

$$B_w = X_w - \bigcup_{i=1}^{N} B_i, \tag{24}$$

dann ist für alle B_i und $B_w \subset B^*$

$$B_w \cap B_i = \phi; \quad i = 1, 2, \ldots, N. \tag{25}$$

Ist nun $w \in W_1$, so gilt nach (19)

$$Q(B_w) \leqslant Q(X_w) < 2^{-n(C-\epsilon)}. \tag{26}$$

Gehört w' zu den Elementen von W_1, aber nicht zur Familie M und gilt trotzdem

$$\frac{P(w' \times B_w)}{q(w')} > 1 - \epsilon,$$

so ergibt die Vereinigung $w' \cup M$ wieder eine ausgezeichnete Familie, da M aber maximal sein sollte, ist das unmöglich, also muß für jedes

$$w \in W_1, \quad w \notin M, \text{ d.h. } w \in W_1 - M \tag{27}$$

$$\frac{P(w \times B_w)}{q(w)} = P(B_w \mid w) \leqslant 1 - \epsilon \tag{28}$$

gelten.

Nach Definition der Menge B_w gilt aber

$$P(w \times B_w) = P(w \times X_w) - P\left(w \times X_w \cap \bigcup_{i=1}^{N} B_i\right). \tag{29}$$

Ist nun $w \in W_1 - M$ so folgt nach (28) und (10)

$$P\left(w \times X_w \cap \bigcup_{i=1}^{N} B_i\right) = P(w \times X_w) - P(w \times B_w) >$$

$$> \left(1 - \frac{\epsilon}{2}\right) q(w) - (1 - \epsilon) q(w) = \frac{\epsilon}{2} q(w). \tag{30}$$

Daraus erhält man nach Definition der Wahrscheinlichkeiten q, P und Q:

$$Q\left(\bigcup_{i=1}^{N} B_i\right) = P\left(A^* \times \bigcup_{i=1}^{N} B_i\right) \geqslant P\left(W_1 \times \bigcup_{i=1}^{N} B_i\right),$$

ist und wegen der Additivität des Maßes P

$$Q\left(\bigcup_{i=1}^{N} B_i\right) \geqslant P\left(\{W_1 - M\} \times \bigcup_{i=1}^{N} B_i\right) + P\left(\{M \cap W_1\} \times \bigcup_{i=1}^{N} B_i\right),$$

nach der Gleichung (30):

$$Q\left(\bigcup_{i=1}^{N} B_i\right) \geqslant \sum_{w \in W_1 - M} P\left(w \times \bigcup_{i=1}^{N} B_i\right) + \sum_{w \in M \cap W_1} P\left(w \times \bigcup_{i=1}^{N} B_i\right)$$

$$> \frac{\epsilon}{2} \sum_{w \in W_1 - M} q(w) + \sum_{w \in M \cap W_1} P\left(w \times \bigcup_{i=1}^{N} B_i\right),$$

wobei statt $X_w \cap \bigcup_{i=1}^{N} B_i$ einfach die Vereinigung der B_i genommen werden darf, weil außerhalb von X_w gelegene v beliebig kleine Wahrscheinlichkeit haben, d.h. es ist

$$Q\left(\bigcup_{i=1}^{N} B_i\right) > \frac{\epsilon}{2} \left\{q(W_1) - q(M \cap W_1)\right\} + \sum_{w \in M \cap W_1} P\left(w \times \bigcup_{i=1}^{N} B_i\right). \tag{31}$$

Zur Abschätzung der rechtsstehenden Summe denken wir daran, daß $w \in M \cap W_1 \subset M$ ist, dann liegt w in der ausgezeichneten Familie und damit gilt

$$P\left(w \times \bigcup_{i=1}^{N} B_i\right) \geqslant P(w_k \times B_k) > (1 - \epsilon)\, q(w),$$

woraus man

$$\sum_{w \in M W_1} P\left(w \times \bigcup_{i=1}^{N} B_i\right) > (1 - \epsilon)\, q(M \cap W_1) \tag{32}$$

erhält. Setzt man (32) in (31) ein, so folgt

$$Q\left(\bigcup_{i=1}^{N} B_i\right) > \frac{\epsilon}{2}\,[q(W_1) - q(M \cap W_1)] + (1 - \epsilon)\, q(M \cap W_1). \tag{33}$$

Aus der Gleichung (12): $q(W_1) > 1 - 2\,\epsilon$ folgt dann wegen

$$\epsilon < \frac{1}{2} \quad \text{und} \quad q(M \cap W_1) \geqslant 0$$

$$Q\left.\bigcup_{i=1}^{N} B_i\right) > \frac{\epsilon}{2}\,(1 - 2\,\epsilon) = \lambda. \tag{34}$$

Da aber nach Definition der ausgezeichneten Familie

$$Q(B_i) < 2^{-n\,(C-\epsilon)}$$

folgt, gilt

$$Q\left(\bigcup_{i=1}^{N} B_i\right) < N \cdot 2^{-n\,(C-\epsilon)}$$

und daraus folgt die Abschätzung für N:

$$N > \lambda\, 2^{n\,(C-\epsilon)}. \tag{35}$$

Für alle $n \geqslant \frac{1}{\epsilon} \log \frac{1}{\lambda}$ gilt dann schließlich

$$N > 2^{n\,(C-2\,\epsilon)}. \tag{36}$$

Das ist eine untere Grenze für die Anzahl der Glieder einer ausgezeichneten Familie.

7. Schritt: *Übergang von den ausgezeichneten zu den unterscheidbaren Familien*

Gegeben sei eine beliebige maximale ausgezeichnete Familie

$$M = \{ w_i;\ i = 1, 2, \ldots, N \}. \tag{37}$$

Jedem Wort $w_i \in M$ werden nun m Buchstaben des Alphabets A nach links davorgesetzt, d.h. ein neues Wort

$$u_i = x_{-m} x_{-m+1} \cdots x_{-1} \cdot w_i \tag{38}$$

gebildet, wobei der Punkt wie üblich die Hintereinanderschreibung bedeutet.

Jede mögliche solche Verlängerung w_i um m Buchstaben nach links schränkt den Zylinder, der zu w_i gehört und den wir wie bisher im Beweis auch einfach mit w_i bezeichnen wollen, ein, es ist offensichtlich

$$\bigcup_{u_i \subset w_i} u_i = w_i, \tag{39}$$

daher gilt für $i = 1, 2, \ldots, N$:

$$\frac{P(w_i \times B_i)}{q(w_i)} = \sum_{u_i \subset w_i} \frac{P(u_i \times B_i)}{q(w_i)} = \sum_{u_i \subset w_i} \frac{P(u_i \times B_i)}{q(u_i)} \cdot \frac{q(u_i)}{q(w_i)}. \tag{40}$$

Nach Definition der ausgezeichneten Familie ist nun

$$\frac{P(w_i \times B_i)}{q(w_i)} > 1 - \epsilon.$$

In der rechten Summe ist aber die Summe aller $q(u_i)/q(w_i)$ genau gleich Eins, daher muß wenigstens einer der ersten Faktoren die Bedingung

$$\frac{P(u_i \times B_i)}{q(u_i)} > 1 - \epsilon \tag{41}$$

erfüllen. Es ist nämlich

$$\sum_{i=1}^{N} \frac{P(u_i \times B_i)}{q(u_i)} \cdot \frac{q(u_i)}{q(w_i)} \leqslant \max_i \left(\frac{P(u_i \times B_i)}{q(u_i)} \right) \sum_{k=1}^{N} \frac{q(u_k)}{q(w_i)} = \max_i \left(\frac{P(u_i \times B_i)}{q(u_i)} \right).$$

Nach der Definition der Doppelquelle [C, P] gilt

$$P(u_i \times B_i) = \int_{u_i} p_x (B_i)\, d\, q(x). \tag{42}$$

Wie wir aber im vorigen Abschnitt sahen, ist $p_x(B_i)$ für alle $x \in u_i$, d.h. für alle Signale aus dem Zylinder über u_i gleich. Dann folgt aus (42)

$$P(u_i \times B_i) = p_{u_i}(B_i) \int\limits_{u_i} d\, q(x) = p_{u_i}(B_i)\, q(u_i)$$

und man kann (41) in der Form

$$p_{u_i}(B_i) > 1 - \epsilon; \quad i = 1, 2, \ldots, N \tag{43}$$

schreiben.

Wir haben jetzt also eine Familie von N Wörtern u_i, je der Länge $n + m$ und eine Familie aus N punktfremden Mengen B_i von Wörtern v der Länge n mit den Eigenschaften

a) $B_i \cap B_k = \phi$ für $i \neq k$

b) $p_{u_i}(B_i) > 1 - \epsilon, i = 1, 2, \ldots, N$

c) $N > 2^{n(C-\epsilon)}$.

Die ersten beiden Bedingungen zeigen aber, daß die Wörter $\{u_i;\ i = 1, 2, \ldots, N\}$ gerade eine unterscheidbare Familie sind, die dritte Bedingung ist die Behauptung des Fundamentalsatzes von *Feinstein,* der damit vollständig bewiesen ist.

6. Die Sätze von Shannon

Die Sätze von *Shannon* stellen noch immer Höhepunkte in der Informationstheorie dar, wenn sich auch die Voraussetzungen, unter denen sie gelten und die Beweismethoden seit dem Erscheinen der fundamentalen Arbeit von *Shannon* [22] z.T. sehr geändert haben. Bevor die Behandlung der eigentlichen Aussagen erfolgen kann, müssen noch gewisse Hilfsmittel bereitgestellt werden.

6.1. Codierungen, Übertrager

In den vorigen Abschnitten war stets vorausgesetzt, daß die einen Kanal speisenden Quellen dasselbe Alphabet wie das Eingangsalphabet des Kanales hatten. Diese Voraussetzung wollen wir jetzt fallen lassen.

Gegeben sei dann eine stationäre Quelle

$$[A_0, q] \tag{1}$$

und ein stationärer Kanal

$$[A, p_x, B]. \tag{2}$$

Die Quelle $[A_0, q]$ sende Nachrichten

$$\xi = \{ \ldots \xi_{-1}, \xi_0, \xi_1, \xi_2, \ldots \} \in A_0^* \tag{3}$$

aus. Jede solche Nachricht, jede unendliche Folge ξ von Buchstaben $\xi_i \in A_0$ bilden wir nun eindeutig in eine Folge

$$x = \{ \ldots, x_{-1}, x_0, x_1, x_2, \ldots \} \in A^* \tag{4}$$

von Eingangsnachrichten des Kanals ab, wir *codieren* die ξ in die x, wie man in der Nachrichtentheorie sagt. Die Abbildung selbst ist der *Code*, mathematisch gesehen ist er eine eindeutige Abbildung

$$x = x(\xi) \tag{5}$$

mit $x \in A^*$, $\xi \in A_0^*$, d.h. von A_0^* in A^*.

Man kann nun jeden Code als Übertrager, als Kanal ohne Störungen ansehen; der Folge ξ am Eingang des Übertragers entspricht eine und nur eine Folge x am Ausgang des Übertragers. Geben wir dem Übertrager die übliche Bezeichnung

$$[A_0, \pi_\xi, A], \tag{6}$$

so ist offensichtlich π_ξ einfach der Indikator von Untermengen $M \subset A^*$

$$P(x \in M \mid \xi) = \pi_\xi(M) = \begin{Bmatrix} 0 \\ 1 \end{Bmatrix} \text{ für } \begin{Bmatrix} x(\xi) \notin M \\ x(\xi) \in M \end{Bmatrix}. \tag{7}$$

Bei dem bisher Gesagten ist vorausgesetzt, daß zur Bestimmung der Folge x die ganze Folge ξ bekannt sein muß. Dieser allgemeinste Fall ist natürlich vom praktischen Gesichtspunkt aus uninteressant. Man verlangt hier, daß der Übertrager, der Kanal ohne Störungen, ohne Vorgriff und mit endlichem Gedächtnis m arbeit. Das heißt, daß zur eindeutigen Bestimmung eines Buchstabens $x_k \in A$ nur ξ_k und die m vorangehenden Buchstaben $\xi_i \in A_0$ der Nachricht ξ bekannt sein müssen, für die Bestimmung eines n-gliedrigen Wortes $x^{(n)}$ genügt dann ein (n + m)-gliedriges Wort $\xi^{(n+m)}$.

Daß solche Übertrager ohne Vorgriff und mit endlichem Gedächtnis stets stationär sind, d.h. der Relation

$$\pi_{T\xi}(TS) = \pi_\xi(S),$$
$$P(x \in TS \mid T\xi) = P(x \in S \mid \xi) \tag{8}$$

gehorchen, läßt sich leicht zeigen. Es gilt doch für ein beliebiges Elementarereignis $x \in A^*$ schon

$$\pi_{T\xi}(T\,x) = \pi_\xi(x). \tag{9}$$

Nach Definition ist

$$\pi_\xi(x) = \left\{ \begin{matrix} 1 \\ 0 \end{matrix} \right\} \ \text{für} \ \left\{ \begin{matrix} x = x(\xi) \\ x \neq x(\xi) \end{matrix} \right\}, \tag{10}$$

d.h.

$$\pi_\xi(x) = \delta_{x,\,x(\xi)}. \tag{11}$$

Die Beziehung (9) lautet dann

$$\delta_{Tx,\,x(T\xi)} = \delta_{x,\,x(\xi)},$$

oder noch einfacher

$$T\,x = x(T\xi). \tag{12}$$

Für Kanäle ohne Störungen mit endlichem Gedächtnis m und ohne Vorgriff ist nun eindeutig $x_k = x_k(\xi)$ durch die endliche Folge

$$\{\xi_{k-m}, \xi_{k-m+1}, \ldots, \xi_k\}\ ;\ k = 0, \pm 1, \ldots \tag{13}$$

bestimmt und andererseits ist aber die entsprechende Folge aus $T\xi$

$$\{\xi_{k-m-1}, \xi_{k-m}, \ldots, \xi_{k-1}\}\ . \tag{14}$$

Diese Größe bestimmt aber unser x_{k-1}, d.h.

$$x_k(T\xi) = T\,x_k = x_{k-1}, \tag{15}$$

oder schließlich

$$x\,(T\xi) = T\,x\,(\xi),\tag{16}$$

was zu zeigen war.

Es soll nun die von der Quelle $[A_0, q]$ gesendete Information über den Kanal $[A, p_x, B]$ übertragen werden. Man kann offensichtlich nun den Übertrager und den Kanal zu einem neuen Kanal

$$[A_0, r_\xi, B]\tag{17}$$

vereinigen, wobei nach Definition des Übertragers die Wahrscheinlichkeitsverteilungen

$$r_\xi\,(N) = P\,(y \in N \mid \xi)\tag{18}$$

leicht zu bestimmen sind, es ist nämlich

$$\int_{A^*} P\,(y \in N \mid x)\; d\,P\,(x \mid \xi) = r_\xi\,(N)$$

und damit nach (7) und mit den üblichen Bezeichnungen

$$r_\xi\,(N) = p_{x\,(\xi)}\,(N) = P\,(y \in N \mid x\,(\xi))\tag{19}$$

und der Kanal $[A_0, r_\xi, B]$ kann als $[A_0, p_{x\,(\xi)}, B]$ geschrieben werden.

Jetzt studieren wir die Verbindung der gegebenen Quelle $[A_0, q]$ mit diesem Kanal $[A_0, p_{x\,(\xi)}, B]$. Hier fällt das Alphabet der Quelle wieder mit dem Eingangsalphabet des Kanals zusammen und wir haben den schon behandelten Fall vorliegen. Als wichtigstes Resultat der früheren Betrachtungen hatten wir dann die Existenz der Doppelquelle $[C, P]$ mit dem Alphabet

$$C = A_0 \times B\tag{20}$$

und dem Wahrscheinlichkeitsmaß für $M \in \mathbf{B}_{A_0}, N \in \mathbf{B}_B$

$$P\,(M \times N) = \int_{\xi \in M} r_\xi\,(N)\; d\,q\,(\xi) = \int_{\xi \in M} p_{x\,(\xi)}\,(N)\; d\,q\,(\xi).\tag{21}$$

Bevor wir nun an die Formulierung und an den Beweis der Sätze von *Shannon* herangehen, müssen wir noch zwei Hilfssätze beweisen, was im nächsten Abschnitt geschehen soll.

6.2. Hilfssätze

Gegeben seien zwei endliche Wahrscheinlichkeitsräume A und B mit den Ereignismengen

$$\Omega_1 = \left\{\omega_i^1\right\}_1^n;\quad \Omega_2 = \left\{\omega_k^2\right\}_1^m.\tag{1}$$

Es gilt dann der von *Feinstein* (vgl. [8]) stammende

Hilfssatz 1:

Kann man bei gegebenem ϵ *($0 < \epsilon < 1$) jedem* $\omega_i^1 \in \Omega_1$, $i = 1, 2, \ldots, n$ *eine Menge* $\Delta_i \in \Omega_2$ *so zuordnen, daß*

1. $\quad p(\Delta_i \cap \Delta_j) = 0 \;$ für $\; i \neq j$,

2. $\quad p(\Delta_i \mid \omega_i^1) > 1 - \epsilon; \; i = 1, 2, \ldots, n$

gilt, wobei mit (p) *die Wahrscheinlichkeit gemeinst ist, so gilt*

$$P = \sum_{\substack{k=1}}^{m} \sum_{\substack{i=1 \\ i \neq i_k}}^{n} p(\omega_i^1 \cap \omega_k^2) < \epsilon, \tag{2}$$

wobei $i = i_k$ *der Wert des Index* i *ist, bei dem* $p(\omega_i^1 \cap \omega_k^2)$ *über* $\Omega_1 \times \Omega_2$ *ein Maximum hat, d. h. wo das Ereignis* (ω_i^1, ω_k^2) *am wahrscheinlichsten ist.*

Es ist also $\omega_i^1 \in \Omega_1$ das Ereignis, daß bei einem festen $\omega_k^2 \in \Omega_2$ am wahrscheinlichsten ist, denn bei der bedingten Wahrscheinlichkeit $p\{\omega_i^1 \mid \omega_k^2\} = p(\omega_i^1 \cap \omega_k^2)/p(\Omega_1 \cap \omega_k^2)$ hängt der Nenner nicht vom Index i ab. Die Summe (2) ist dann offenbar über $\Omega_1 \times \Omega_2$ die Wahrscheinlichkeit für das Eintreten eines der Ereignispaare (ω_i^1, ω_k^2), bei denen ω_i^1 nicht das Ereignis ist, das bei gegebenem ω_k^2 am wahrscheinlichsten ist.

Beweis: Es ist nach Definition

$$P = 1 - \sum_{k=1}^{m} p(\omega_{i_k}^1 \cap \omega_k^2),$$

$$1 - P = \sum_{k=1}^{m} p(\omega_{i_k}^1 \cap \omega_k^2). \tag{3}$$

Wir bezeichnen mit $\Delta_0 \in \Omega_2$ die Menge der ω_k^2, die zu keiner der Mengen Δ_i, $i = 1, 2, \ldots, n$ gehören. Summiert man dann in (3) über diese Teilmengen, so ist

$$1 - P = \sum_{i=1}^{n} \sum_{\omega_k^2 \in \Delta_i} p(\omega_{i_k}^1 \times \omega_k^2) + \sum_{\omega_k^2 \in \Delta_0} p(\omega_{i_k}^1 \times \omega_k^2) \geq$$

$$\geq \sum_{i=1}^{n} \sum_{\omega_k^2 \in \Delta_i} p(\omega_{i_k}^1 \times \omega_k^2).$$

Nach Definition von i_k wird die Summe rechts höchstens kleiner, wenn i_k durch irgendein i ersetzt wird, $i \in [1, n]$, daher gilt

$$1 - P \geqslant \sum_{\substack{i=1}} \sum_{\omega_k^2 \in \Delta_i} p(\omega_i^1 \times \omega_k^2) = \sum_{i=1}^{n} p(\omega_i^1 \Delta_i) =$$

$$= \sum_{i=1}^{n} p(\Delta_i \mid \omega_i^1) \, p(\omega_i^1) > (1 - \epsilon) \sum_{i=1}^{n} p(\omega_i^1) = 1 - \epsilon,$$

d.h. $P < \epsilon$.

Nun formulieren wir den zweiten Hilfssatz, der ebenfalls von *Feinstein* stammt:

Hilfssatz 2:

Für $n > 1$ *gilt*

$$H(A \mid B) \leqslant P \log (n - 1) - P \log P - (1 - P) \log (1 - P) \tag{4}$$

wobei P *die Wahrscheinlichkeit* (2) *des letzten Satzes ist.*

Beweis: Schreibt man zur Abkürzung

$$f(x) = x \log x,$$

so ist

$$H(A \mid B) = - \sum_{k=1}^{m} p(\omega_k^2) \sum_{i=1}^{n} f(p(\omega_i^1 \mid \omega_k^2)) = H_1 + H_2, \tag{5}$$

wobei

$$H_1 = - \sum_{k=1}^{m} p(\omega_k^2) \, f(p(\omega_{i_k}^1 \mid \omega_k^2)),$$

$$H_2 = - \sum_{k=1}^{m} p(\omega_k^2) \sum_{i \neq i_k} f(p(\omega_i^1 \mid \omega_k^2)) \tag{6}$$

sein soll. Der Index i_k spielt dabei dieselbe Rolle wie im letzten Satz. Setzt man jetzt in der *Jensen*schen Ungleichung $\lambda_k = p(\omega_k^2)$, $x_k = p(\omega_{i_k}^1 \mid \omega_k^2)$, so folgt nach dem vorigen Satz, Gleichung (3)

$$H_1 = -\sum_{k=1}^{m} \lambda_k \, f(x_k) \leqslant -f\left(\sum_{k=1}^{m} \lambda_k x_k\right) =$$

$$= -f\left(\sum_{k=1}^{m} p(\omega_k^2) \, p(\omega_{i_k}^1 \mid \omega_k^2)\right) = -f\left(\sum_{k=1}^{m} p(\omega_k^2 \cap \omega_{i_k}^1)\right) \tag{7}$$

$$= -f(1-P) = -(1-P)\log(1-P) \, .$$

Analog ergibt sich aus derselben *Jensen*schen Beziehung

$$-\sum_{k=1}^{m} p(\omega_k^2) \, f(1 - p(\omega_{i_k}^1 \mid \omega_k^2)) \leqslant -f\left(\sum_{k=1}^{m} p(\omega_k^2)\,[1 - p(\omega_{i_k}^1 \mid \omega_k^2)]\right) =$$

$$= -f\left(1 - \sum_{k=1}^{m} p(\omega_k^2 \times \omega_{i_k}^1)\right) = -f(P) = -P \log P. \tag{8}$$

Wegen

$$1 - p(\omega_{i_k}^1 \mid \omega_k^2) = \sum_{i \neq i_k} p(\omega_i^1 \mid \omega_k^2)$$

gilt außerdem für jedes k:

$$f(1 - p(\omega_{i_k}^1 \mid \omega_k^2)) = \sum_{i \neq i_k} p(\omega_i^1 \mid \omega_k^2) \log \sum_{i \neq i_k} p(\omega_i^1 \mid \omega_k^2) =$$

$$= (n-1)\, f\left(\frac{\displaystyle\sum_{i \neq i_k} p(\omega_i^1 \mid \omega_k^2)}{n-1}\right) + \log(n-1) \sum_{i \neq i_k} p(\omega_i^1 \mid \omega_k^2). \tag{9}$$

Den ersten Summanden der rechten Seite schätzen wir wieder mit Hilfe der *Jensen*schen Ungleichung ab, wobei $\lambda_i = 1/n - 1$, $x_i = p(\omega_i^1 \mid \omega_k^2)$ ist, $i = 1, 2, \ldots, n$, $i \neq i_k$.

Wir erhalten so:

$$f\left(\frac{\sum\limits_{i \neq i_k} p(\omega_i^1 \mid \omega_k^2)}{n-1}\right) \leqslant \sum_{i \neq i_k} f(p(\omega_i^1 \mid \omega_k^2)) \cdot \frac{1}{n-1}, \tag{10}$$

und damit

$$f(1 - p(\omega_{i_k}^1 \mid \omega_k^2)) \leqslant \sum_{i \neq i_k} f(p(\omega_i^1 \mid \omega_k^2)) +$$
$$+ \log(n-1) \cdot \sum_{i \neq i_k} p(\omega_i^1 \mid \omega_k^2) \ . \tag{11}$$

Multiplizieren wir diese Ungleichung mit $p(\omega_k^2)$ und summieren über k, bilden also den Erwartungswert der beiden Seiten in bezug auf den Wahrscheinlichkeitsraum B, so ist

$$\sum_{k=1}^{m} p(\omega_k^2) f(1 - p(\omega_{i_k}^1 \mid \omega_k^2)) \leqslant \sum_{k=1}^{m} p(\omega_k^2) \sum_{i \neq i_k} f(p(\omega_i^1 \mid \omega_k^2)) + P \log(n-1)$$
$$= - H_2 + P \log(n-1). \tag{12}$$

Durch Addition von (7), (8) und (12) folgt nun

$$H_1 \leqslant - (1 - P) \log(1 - P),$$

$$- \sum_{k=1}^{m} p(\omega_k^2) f(1 - p(\omega_{i_k}^1 \mid \omega_k^2)) \leqslant - P \log P,$$

$$\sum_{k=1}^{m} p(\omega_k^2) f(1 - p(\omega_{i_k}^1 \mid \omega_k^2)) \leqslant - H_2 + P \log(n-1),$$

schließlich

$$H_1 \leqslant - (1 - P) \log(1 - P) - P \log P - H_2 + P \log(n-1),$$

und hieraus wegen $H_1 + H_2 = H(A \mid B)$:

$$H(A \mid B) \leqslant P \log(n-1) - P \log P - (1 - P) \log(1 - P).$$

Wir kommen nun direkt zu den *Shannon*schen Sätzen.

6.3. Der erste Satz von Shannon

Der erste Satz von *Shannon* sagt im wesentlichen aus, daß man, wenn die Entropie der gegebenen Quelle H_0 ist, für den Fall $H_0 < C$, d.h. für den Fall, daß die Kanalkapazität größer ist, immer einen Code so finden kann, daß das ausgesendete Wort aus der Kenntnis des empfangenen Wortes mit beliebig kleiner Fehlerwahrscheinlichkeit geschätzt werden kann. Einen entsprechenden Satz für instationäre Kanäle hat *Ahlswede* [1] bewiesen.

1. Satz von Shannon:

Gegeben sei

a) *ein stationärer Kanal* [A, p_x, B] *ohne Vorgriff, mit der Durchlaßkapazität* C *und mit endlichem Gedächtnis der Länge* m,

b) *eine ergodische Quelle* [A_0, q] *mit der Entropie* $H_0 < C$.

Dann kann man bei hinreichend großem n *die von der Quelle* [A_0, q] *ausgesendeten Nachrichten in das Alphabet* A *so codieren, daß jedes Wort* α_i *aus* n *Buchstaben des Alphabets* A_0 *in ein Wort* u_i *aus* n + m *Buchstaben des Alphabets* A *übergeht, und daß sich bei der Übertragung des Wortes* u_i *über den Kanal aus dem am Kanalausgang erhaltenen Wort* β_i *(mit Buchstaben des Alphabets* B*) sich das gesendete Wort* u_i *– und damit* α_i *– mit einer Wahrscheinlichkeit größer als* $1 - \epsilon$, $\epsilon > 0$, *beliebig klein, bestimmen läßt.*

Beweis: Wir wählen eine Zahl $\epsilon > 0$, beliebig klein, es soll aber

$$2\,\epsilon < C - H_0 \tag{1}$$

sein. Ferner sei irgendein Code gegeben, der von der Quelle [A_0, q] zum Kanal [A, p_x, B] übersetzt. Die Quelle besitzt, da sie ergodisch ist, die Eigenschaft der asymptotischen Gleichverteilung. Das heißt, daß für hinreichend lange Wörter, d.h. hinreichend großes n, diese wieder in die bekannten zwei Klassen eingeteilt werden, so daß in der hochwahrscheinlichen Klasse für jedes Wort α gilt:

$$\frac{1}{n} \log q\,(\alpha) + H_0 > -\,\epsilon. \tag{2}$$

Die Gleichung (2) bedeutet aber, daß für hinreichend große n

$$q\,(\alpha) > 2^{-n\,(H_0 + \epsilon)} \tag{3}$$

gilt, d.h. daß die Anzahl h der hochwahrscheinlichen Wörter kleiner als $2^{n\,(H_0 + \epsilon)}$ und damit erst recht

$$h < 2^{n\,(H_0 + \epsilon)} < 2^{n\,(C - \epsilon)} \tag{4}$$

ist, da (1) gilt. Diese hochwahrscheinlichen Wörter seien mit

$$\{\alpha_i, i = 1, 2, \ldots, h\} \tag{5}$$

bezeichnet, alle Wörter der wenigwahrscheinlichen Gruppe mit α_0.

Betrachten wir nun den Kanal $[A, p_x, B]$. Auf Grund des *Feinstein*schen Satzes existiert dann eine unterscheidbare Familie mit Wörtern aus Buchstaben des Alphabets A:

$$\{u_i; \ i = 1, 2, \ldots, N\}; \ Z_{u_i} \in A^*, \tag{6}$$

wobei die Anzahl der Wörter

$$N > 2^{n(C-\epsilon)} \tag{7}$$

ist. Dann ist diese Anzahl aber größer als die Anzahl der hochwahrscheinlichen Wörter $\{\alpha_i; \ i = 1, 2, \ldots, h\}$ der Quelle:

$$N > h, \tag{8}$$

d.h., daß wir jedem solchen Wort α_i auf zunächst beliebige Weise ein Wort u_i so zuordnen können, daß verschiedenen α_i verschiedene u_i entsprechen, die Codierung also eineindeutig ist. Sicher bleibt dabei wegen (8) mindestens ein Wort u_k unbenutzt, diesem oder diesen ordnen wir alle wenigwahrscheinlichen Wörter α_0 zu. Es entspricht jetzt also jedem n-gliedrigen Wort α ein $(n + m)$-gliedriges Wort u, das der unterscheidbaren Familie $\{u_i; \ i = 1, 2, \ldots, N\}$ angehört.

Wir zerlegen dazu die ganze Nachricht

$$\xi = \{\ldots, \xi_{-1}, \xi_0, \xi_1, \xi_2, \ldots\} \tag{9}$$

in Wörter α_i der Länge n, die wir von links nach rechts durchnumerieren, ebenso zerlegen wir die Folge

$$x = \{\ldots, x_{-1}, x_0, x_1, \ldots\} \ ; \ x_i \in A \tag{10}$$

(zunächst formal) in $(n + m)$-gliedrige Wörter u_i.

Zu jedem α_i wählen wir dann in der Nachricht x ein Wort u_i aus der unterscheidbaren Familie. Es entsteht so eine feste Abbildung

$$x = x(\xi), \tag{11}$$

ein Übertrager, wie er im vorletzten Abschnitt behandelt wurde.

Vereinigt man nun diesen Übertrager mit dem Kanal, wie in Abschnitt 1 gezeigt, so ergibt sich ein neuer Kanal

$$[A_0, r_\xi, B], \tag{12}$$

wobei

$$r_\xi(S) = p_{x(\xi)}(S); \ S \in B_B \tag{13}$$

galt.

Speist nun die Quelle $[A_0, q]$ diesen Kanal (12), so ergibt sich als wichtigstes Hilfsmittel die bekannte Doppelquelle

$$[C, P]: \quad C = A_0 \times B, \quad P(M \times N) = \int\limits_{\xi \in M} p_{x(\xi)}(N) \, d\,q(\xi). \tag{14}$$

Die $\{\beta_k\}$ waren nun die Wörter der Länge n am Ausgang des Kanals, des Alphabets B. Nach der Definition der Doppelquelle ist dann für $i = 1, 2, \ldots, N$ und beliebiges $k \geqslant 1$

$$P(\alpha_i \times \beta_k) = \int\limits_{Z_{\alpha_i}} r_\xi(Z_{\beta_k}) \, d\,q(\xi) = \int\limits_{\alpha_i} r_\xi(\beta_k) \, d\,q(\xi) = \int\limits_{\alpha_i} p_{x(\xi)}(\beta_k) \, d\,q(\xi), \tag{15}$$

wenn wir für die Zylinder über den Wörtern wieder die Wörter selbst, also die Basen der Zylinder schreiben.

Nun ist aber

$$\xi \in Z_{\alpha_i} \ (\xi \in \alpha_i) \tag{16}$$

gleichbedeutend mit

$$x(\xi) \in Z_{u_i}. \tag{17}$$

Da aber $p_x(\beta_k)$ für alle $x \in Z_{u_i}$ denselben Wert hat, wie wir in 5.1 zeigten — wir bezeichnen diese Wahrscheinlichkeit jetzt auch mit

$$p_x(\beta_k) = p_{u_i}(\beta_k) \tag{18}$$

— gilt für alle $\xi \in Z_{\alpha_i}$

$$p_{x(\xi)}(\beta_k) = p_{u_i}(\beta_k) \tag{19}$$

und damit folgt aus (15)

$$P(\alpha_i \times \beta_k) = q(\alpha_i) \, p_{u_i}(\beta_k). \tag{20}$$

Das Wort $\alpha_i \in \mathbf{B}_{A_0}$ ergibt also am Ende des Kanals ein $(n + m)$-gliedriges Wort von Buchstaben des Alphabets B, dessen letzte n Buchstaben wir das Wort β_k nennen.

Wir gehen nun zu der speziellen Codierung $[\alpha_i, \pi_\xi, u_i]$ über, dabei sei nun i_k der Index $i = 1, 2, \ldots, N$, für den die Wahrscheinlichkeit

$$P(\alpha_i \times \beta_k)$$

ihren größten Wert hat — gibt es mehrere, so einer von ihnen. Da bei der bedingten Wahrscheinlichkeit

$$P(\alpha_i \mid \beta_k) = \frac{P(\alpha_i \times \beta_k)}{P(A_0^* \times \beta_k)} \tag{21}$$

der Nenner vom Index i nicht abhängt, können wir wie früher auch sagen, daß α_{i_k} das bei gegebenem Wort β_k wahrscheinlichste Wort der α_i ist.

Wir setzen

$$P = \sum_k \sum_{i \neq i_k} P(\alpha_i \times \beta_k), \tag{22}$$

dann ist P die Wahrscheinlichkeit dafür, daß das Wort α_i am Eingang des Kanals $[A_0, r_\xi, B]$ bei vorgegebenem Wort β_k nicht das wahrscheinlichste ist. Diese Wahrscheinlichkeit P wird sich kleiner als ϵ erweisen, womit die komplementäre größer als $1 - \epsilon$ wird. Dieses wollen wir beweisen.

Die Wörter u_i, in die wir alle Wörter α_i codieren wollen, bilden eine unterscheidbare Familie, d.h. es existiert eine Familie von Mengen $\{B_i; \; i = 1, 2, \ldots, N\}$, wobei die B_i Vereinigungen von Wörtern β_k sind, so daß

1. $\quad p_{u_i}(B_i) > 1 - \epsilon,$

2. $\quad B_i \cap B_j = \phi \quad$ für $\; i \neq j$ ist.

Summiert man in der Gleichung (20) über alle $\beta_k \in B_i$, so ist dann

$$P(\alpha_i \times B_i) = p_{u_i}(B_i) \, q(\alpha_i) > (1 - \epsilon) \, q(\alpha_i). \tag{23}$$

Daher ist die bedingte Wahrscheinlichkeit, daß man am Ausgang das Wort $\beta_k \in B_i$ empfängt, wenn α_i gesendet wurde, gleich

$$P(B_i \,|\, \alpha_i) = \frac{P(\alpha_i \times B_i)}{P(\alpha_i \times B^*)} = \frac{P(\alpha_i \times B_i)}{q(\alpha_i)} > 1 - \epsilon. \tag{24}$$

Die beiden vollständigen Ereignissysteme $\{\alpha_i; \; i = 1, 2, \ldots\}$ und $\{\beta_k; \; k = 1, 2, \ldots\}$ genügen daher allen Voraussetzungen des Hilfssatzes 1 von Abschnitt 2 und dieser liefert für die Wahrscheinlichkeit (22):

$$P < \epsilon. \tag{25}$$

Damit ist aber die Wahrscheinlichkeit, daß das Wort α_i am Eingang des Kanals bei gegebenem β_k am Ausgang das wahrscheinlichste war

$$\Theta = 1 - P > 1 - \epsilon. \tag{26}$$

Wir bestimmen also bei bekanntem, empfangenem β_k das zugehörige α_{i_k}, das Wort mit der größten Wahrscheinlichkeit. Die Ungenauigkeit dieser Schätzung wird nach (26) mit ϵ beliebig klein.

Wie *Zaregradski* [25] gezeigt hat, kann man auch die Umkehrung dieses Satzes beweisen, wir können der Kürze wegen auf diesen interessanten und daher auch oft untersuchten Schluß leider nicht weiter eingehen.

6.4. Der zweite Satz von Shannon

Der zweite Satz von *Shannon* betrachtet nun die Geschwindigkeit der Übertragung, deren fast sichere Erkennbarkeit der erste Satz von *Shannon* bewies. Wir werden sehen, daß jeder am Kanalende ankommende Buchstabe im Mittel eine Informationsmenge mitbringt, die beliebig wenig von der Informationsmenge pro Buchstaben am Eingang des Kanals verschieden ist, d. h. daß trotz der Störungen der Informationsverlust beliebig klein ist. Man kann auch sagen, daß die Übertragungsgeschwindigkeit der Information (für $H_0 < C$) beliebig nahe an der Entstehungsgeschwindigkeit der Information (H_0) der Quelle liegt. Wir formulieren den

2. Satz von Shannon:

Gegeben sei

a) *ein stationärer Kanal* $[A, p_x, B]$ *ohne Vorgriff, mit endlichem Gedächtnis* m *und der Durchlaßkapazität* C,

b) *eine ergodische Quelle* $[A_0, q]$ *mit der Entropie* $H_0 < C$.
Dann kann ein Code (A_0, π_ξ, A) *so gewählt werden, daß die Übertragungsgeschwindigkeit der Nachricht der Größe* H_0 *beliebig nahe kommt.*

Beweis: Wir bezeichnen wieder wie im Beweis des ersten *Shannon*schen Satzes mit α_i die Wörter der Länge n der hochwahrscheinlichen Gruppe mit Buchstaben des Alphabets A_0, mit β_k die Wörter der Länge n mit Buchstaben des Alphabets B, mit $q(\alpha_i)$, $Q(\beta_k)$, $P(\alpha_i \times \beta_k)$ die entsprechenden Wahrscheinlichkeiten und schließlich führen wir wieder die Wahrscheinlichkeit

$$P = \sum_k \sum_{i \neq i_k} P(\alpha_i \times \beta_k) \tag{1}$$

ein, daß das Wort α am Eingang des Kanals bei vorgegebenem Wort β_k am Ausgang des Kanals nicht das wahrscheinlichste wird. Wie wir sahen, war

$$P < \epsilon. \tag{2}$$

Wenden wir nun den Hilfssatz 2 an, so stehen die Ereignisse α_i, β_k für ω_i^1, ω_k^2; $N + 1$ statt n. Bezeichnet man mit $H(\alpha \,|\, \beta)$ die bedingte Entropie des Raumes der $\{\alpha_i\}$ bei gegebenem β_k — gemittelt über alle β_k — so folgt nach Hilfssatz 2:

$$H(\alpha \,|\, \beta) \leqslant P \log N - P \log P - (1 - P) \log (1 - P). \tag{3}$$

Hierbei ist N die Anzahl der Elemente der hochwahrscheinlichen Gruppe von Wörtern, nach der asymptotischen Gleichverteilungs-Eigenschaft ist sie — wie im vorigen Abschnitt gezeigt — kleiner als $2^{n(C-\epsilon)} < 2^{nC}$, d. h.

$$\log N < n\, C. \tag{4}$$

Wegen (2) $P < \epsilon$ und wegen $0 < P < 1$ gilt

$$- P \log P - (1 - P) \log (1 - P) \leqslant 1 \tag{5}$$

und damit für die bedingte Entropie (3)

$$H(\alpha \mid \beta) < \epsilon \, n \, C + 1. \tag{6}$$

Da nun für hinreichend großes n ϵ beliebig klein gemacht werden kann, ist

$$H(\alpha \mid \beta) = o\,(n), \tag{7}$$

wobei $H(\alpha \mid \beta)$ ausführlich lautet

$$H(\alpha \mid \beta) = - \sum_{k} Q(\beta_k) \left\{ \sum_{i=0}^{N} \frac{P(\alpha_i \times \beta_k)}{Q(\beta_k)} \log \frac{P(\alpha_i \times \beta_k)}{Q(\beta_k)} \right\} \tag{8}$$

Hierbei ist α_0 nicht ein einzelnes Wort, sondern die Vereinigung aller wenigwahrscheinlichen Wörter des Alphabets A. Spaltet man α_0 nun in seine einzelnen Elemente auf

$$\alpha_0 = \{\alpha_j' \, ; \ j = 1, 2, \ldots J\} \, , \tag{9}$$

so kann man wegen der Eigenschaft

$$\sum_{j=1}^{J} q(\alpha_j') < \epsilon \tag{10}$$

der Wörter aus der wenigwahrscheinlichen Gruppe elementar zeigen, daß auch, wenn wir alle Wörter der Länge n des Alphabets durchnumerieren, die Gleichung (7) bestehen bleibt: Betrachtet man nämlich den Wahrscheinlichkeitsraum aller Wörter der Länge n, so ist doch

$$H'(\alpha \mid \beta) = - \sum_{k} Q(\beta_k) \left\{ \sum_{i=1}^{N} \frac{P(\alpha_i \times \beta_k)}{Q(\beta_k)} \log \frac{P(\alpha_i \times \beta_k)}{Q(\beta_k)} + \right.$$

$$\left. + \sum_{j=1}^{J} \frac{P(\alpha_j' \times \beta_k)}{Q(\beta_k)} \log \frac{P(\alpha_j \times \beta_k)}{Q(\beta_k)} \right\} =$$

$$= H(\alpha \mid \beta) - \sum_{k} Q(\beta_k) \sum_{j=1}^{J} \frac{P(\alpha_j' \times \beta_k)}{Q(\beta_k)} \log \frac{P(\alpha_j' \times \beta_k)}{Q(\beta_k)} +$$

$$+ \sum_{k} Q(\beta_k) \frac{P(\alpha_0 \times \beta_k)}{Q(\beta_k)} \log \frac{P(\alpha_0 \times \beta_k)}{Q(\beta_k)} ,$$

d.h.

$$H'(\alpha \mid \beta) < H(\alpha \mid \beta) - \sum_k Q(\beta_k) \sum_{j=1}^{J} \frac{P(\alpha'_j \times \beta_k)}{Q(\beta_k)} \log \frac{P(\alpha'_j \times \beta_k)}{Q(\beta_k)} \, .$$

Nun ist wegen $H(A \mid B) \leqslant H(A)$ doch sicher

$$H'(\alpha \mid \beta) < H(\alpha \mid \beta) - \sum_{j=1}^{J} q(\alpha'_j) \log q(\alpha'_j).$$

Da aber unter der Nebenbedingung

$$\sum_{j=1}^{J} q(\alpha'_j) = \delta \qquad \max_q \left\{ - \sum_{j=1}^{J} q(\alpha'_j) \log q(\alpha'_j) \right\} = \delta (\log J - \log \delta) \quad \text{gilt und nach der}$$

Gleichung (10) $\delta < \epsilon$ ist, erhält man

$$H'(\alpha \mid \beta) < H(\alpha \mid \beta) + \epsilon \log J + \epsilon \log \frac{1}{\epsilon}.$$

Wegen $J < a^n$ hat man erst recht

$$H'(\alpha \mid \beta) < H(\alpha \mid \beta) + \epsilon n \log a + \epsilon \log \frac{1}{\epsilon} < H(\alpha \mid \beta) + \epsilon n \log a + 1,$$

d.h. nach Gleichung (7) auch

$$H'(\alpha \mid \beta) = o(n).$$

Wir haben dann a^n Wörter aus den a Buchstaben des Alphabets A_0, je von der Länge n, wobei wir aber die Bezeichnungen ruhig beibehalten wollen.

Der Prozeß der Informationsübertragung sieht nun folgendermaßen aus: Die von der Quelle $[A_0, q]$ ausgesendeten Nachrichten werden in Wörter α_i der Länge n zerschnitten und über den Kanal

$$[A_0, r_\xi, B]$$

übertragen. Am Ausgang entsteht dann ein Wort der Länge n + m von Buchstaben aus B. Die letzten n dieser Buchstaben bilden das Wort β_k. Wir wollen die Geschwindigkeit dieser Übertragung abschätzen.

Wir betrachten dazu ein Wort der Länge

$$s = n t + r \quad (0 \leqslant r < n) \tag{11}$$

aus Buchstaben des Quellenalphabets A_0. Dieses Wort sei X, die Menge von allen möglichen solchen Wörtern sei $A_s = \{ X \}$. Bei der Übertragung über den Kanal erhält man ein Wort Y aus s Buchstaben des Alphabets B am Ausgang des Kanals, die Menge aller solcher Wörter sei mit $B_s = \{Y\}$ bezeichnet. Die bedingte Entropie des Wahrscheinlichkeitsraumes über A_s wird wieder mit $H(X|Y)$ bezeichnet.

Jedes Wort X kann man nun in t aufeinanderfolgende Wörter der Länge n und in ein „Restwort" der Länge $r < n$ zerlegen. Dann kann man den Nachrichtenraum A_s entsprechend als kartesisches Produkt der Räume von n- bzw. r-gliedrigen Wörtern auffassen, die wir mit $\{\alpha^{(j)}; j = 1, 2, \ldots, t\}$ bzw. α^* bezeichnen. Im allgemeinen werden die $(t + 1)$ Teilnachrichtenräume nicht voneinander unabhängig sein, daher gilt nach den Regeln für die Entropie endlicher Wahrscheinlichkeitsräume für ein festes Wort $Y_0 \in B_s$:

$$H(X|Y_0) \leqslant \sum_{j=1}^{t} H(\alpha^{(j)}|Y_0) + H(\alpha^*|Y_0), \tag{12}$$

und damit, wenn wir den Erwartungswert in bezug auf den Wahrscheinlichkeitsraum über B_s bilden:

$$H(X|Y) \leqslant \sum_{j=1}^{t} H(\alpha^{(j)}|Y) + H(\alpha^*|Y). \tag{13}$$

Genau wie wir nun das Wort X in t Wörter $\alpha^{(j)}$ der Länge n und ein Restwort der Länge r zerlegten, können wir das auch mit dem Wort Y tun, wir gliedern also Y in t Wörter $\beta^{(j)}$, je der Länge n und ein Restwort β^* der Länge $r < n$. Der Wahrscheinlichkeitsraum über B_s wird dann zu einem kartesischen Produkt von $t + 1$ Räumen über $\{\beta^{(j)}; j = 1, 2, \ldots, t\}$ und $\{\beta^*\}$. Jedes Wort $\beta^{(j)}$ entspricht einem Wort $\alpha^{(j)}$ am Eingang des Kanals. Das kartesische Produkt $\alpha^{(i)} \times \beta^{(k)}$ hat als Wahrscheinlichkeitsmaß das Maß P der Doppelquelle und $\beta^{(j)}$ selbst das Maß Q der Ausgangsquelle [B, Q].

Wir bezeichnen nun mit $B^{(j)}$ die Menge aller Wörter $\beta^{(i)}$ und β^*, die zusammen Y aufbauen, ausgenommen $\beta^{(j)}$ selbst, $B^{(j)}$ ist also das Komplement zu $\beta^{(j)}$ in bezug auf B_s. Man kann daher B_s auch als kartesisches Produkt der $\{\beta^{(j)}\}$ und $\{B^{(j)}\}$ betrachten. Dann ist nach den Eigenschaften der Entropie endlicher Wahrscheinlichkeitsräume

$$H(\alpha^{(j)}|Y) = H(\alpha^{(j)}|\beta^{(k)} \times B^{(k)}) \leqslant H(\alpha^{(k)}|\beta^{(k)}) = H(\alpha|\beta), \tag{14}$$

da ja $H(C|AB) \leqslant H(C|B)$ für alle endlichen Räume A, B, C gilt.

Nun enthält der Nachrichtenraum der Restwörter $\{\alpha^*\}$ genau a^r Ereignisse, wenn das Alphabet A_0 genau a Buchstaben hat. Da die Entropie eines solchen Raumes für eine Gleichverteilung ihr Maximum annimmt — wir haben das früher gezeigt — ist für jedes feste $Y_0 \in B_s$

$$H(\alpha^*|Y_0) \leqslant r \log a < n \log a \tag{15}$$

da ja auch

$$H(\alpha^*|Y_0) \leqslant H(\alpha^*)$$

gilt. Dann ist auch nach Mittelung über alle Y_0 — die rechte Seite ist ja von Y_0 unabhängig und $\Sigma\, Q(Y_0)$ ist Eins —:

$$H(\alpha^* \mid Y) \leqslant r \log a < n \log a. \tag{16}$$

Die Ungleichung (13) liefert nun mit (14) und (16)

$$H(X \mid Y) < H(\alpha \mid \beta) + n \log a, \tag{17}$$

woraus nach (7): $H(\alpha \mid \beta) = o(n)$ für hinreichend großes n, kleines $\epsilon > 0$ und beliebiges $t \geqslant 1$

$$H(X \mid Y) < \epsilon\, t\, n + n \log a \leqslant \epsilon\, s + n \log a \tag{18}$$

folgt.

Es war doch nun hier $H(X \mid Y)$ die Restentropie pro Wort nach Passieren des Kanals, die Information, die bei der Übertragung verlorengeht. Die Informationsmenge pro Wort aus A_s vor der Übertragung ist ja $s\, H_0$ (wegen $H_s/s \to H_0$ für $s \to \infty$) und daher ist die Information pro Buchstabe, die übertragen wird, gleich

$$s\, H_0 - H(X \mid Y)$$

dividiert durch die Anzahl der Buchstaben, das sind aber für jedes Wort $\alpha^{(j)}$ der Länge n je $n + m$. Da X nun $(t + 1)$ solche Worte hat, trägt ein Buchstabe am Ausgang im Mittel die Informationsmenge

$$\frac{s\, H_0 - H(X \mid Y)}{(t + 1)\,(n + m)}\,. \tag{19}$$

Diese wollen wir abschätzen und zwar nach unten. Es ist

$$\frac{s\, H_0 - H(X \mid Y)}{(t + 1)\,(n + m)} \geqslant \frac{s\, H_0 - \epsilon\, s - \log a}{n(t + 1)\left(1 + \frac{m}{n}\right)} > \frac{s\, H_0 - \epsilon\, s - n \log a}{(s + n)\left(1 + \frac{m}{n}\right)} = \frac{H_0 - \epsilon - \frac{n}{s} \log a}{\left(1 + \frac{n}{s}\right)\left(1 + \frac{m}{n}\right)},$$

wobei die Beziehungen (18) sowie $n\, t + n \leqslant s + n$ ausgenützt wurden. Wählt man jetzt n so groß, daß $m/n < \delta$ ist und darauf t so groß, daß $n/s \leqslant 1/t < \delta$ ist, d.h. nimmt man hinreichend viele Gruppen hinreichend langer Wörter $\alpha^{(j)}$, so ist

$$\frac{s\, H_0 - H(X \mid Y)}{(t + 1)\,(n + m)} \geqslant \frac{H_0 - \epsilon - \frac{n}{s} \log a}{\left(1 + \frac{n}{s}\right)\left(1 + \frac{m}{n}\right)} > \frac{H_0 - \epsilon - \delta \log a}{(1 + \delta)^2}$$

und damit, wenn δ hinreichend klein ist

$$\frac{s\, H_0 - H(X \mid Y)}{(t + 1)\,(n + m)} > H_0 - \epsilon$$

Dieses Resultat besagt, da ja auch ϵ sehr klein ist, daß bei unserer Codierung jeder am Kanalausgang eintreffende Buchstabe im Mittel noch die Information mitbringt, die er von der Quelle her trägt, nämlich H_0. Es geht also keine Information verloren. Denken wir an die Interpretation der Entropie einer Quelle als Produktionsgeschwindigkeit von Information, so sehen wir, daß die Übertragung über den Kanal unter der Bedingung $H_0 < C$ mit einer Geschwindigkeit geschieht, die sich beliebig wenig von der Produktionsgeschwindigkeit H_0 der Quelle unterscheidet. Damit ist der zweite Satz von *Shannon* bewiesen.

7. Abschließende Bemerkungen

In den vorangegangenen fünf Abschnitten wurde gezeigt, daß man die von einer Quelle ausgesendeten Nachrichten in hinreichend lange Teile — Wörter der Länge n — einteilen muß und daß es dann gelingt, einen Code zwischen Quelle und Kanal so zu finden, daß man aus der Kenntnis der empfangenen Nachricht mit beliebig nahe an Eins liegender Wahrscheinlichkeit auf die gesendete Nachricht schließen kann und daß die Geschwindigkeit der Informationsübertragung — die Menge an Information pro Symbol des Textes — beliebig nahe an der Produktionsgeschwindigkeit von Information der Quelle — an der Menge Information pro Symbol des ausgesendeten Textes — liegt. Beides gilt unter der Bedingung, daß die Entropie der Quelle H_0 kleiner als die Durchlaßkapazität C des Kanals ist, bemerkt sei auch noch, daß der Code von n und damit von der Fehlergrenze ϵ abhängt.

Es muß nun aber auch bemerkt werden, daß die Forderung nach einem hinreichend großen n eine sehr einschneidende ist. Ist n nämlich zu groß, so muß man am Ende des Kanals eine lange Zeit auf die Vervollständigung und Decodierung der Empfangsnachricht warten. Eine große, wenn auch konstante, Zeitverzögerung stellt sich ein. Es wäre daher sehr intessant, Aussagen über die Abhängigkeit des kleinen Parameters ϵ von n zu haben, eine spezielle Abschätzung allerdings in sehr komplizierter Form, ist hier von *Feinstein* gegeben worden. Im allgemeinen Fall aber ist der Zusammenhang unbekannt, ebenso wie die Beweise der *Shannon*schen Sätze keine Konstruktionsvorschrift für den optimalen Code geben.

Verfolgen wir nun noch einmal die grundlegenden Ideen der Informationstheorie, die von *Shannon*, *McMillan*, *Feinstein* und *Chintschin* stammen. Nach der Bereitstellung der Hilfsmittel und Definitionen, der Entropie endlicher Wahrscheinlichkeitsräume und der Entropie der Quellen werden Kanäle mit Störungen betrachtet. Hierin geht eine Nachricht nicht eindeutig in eine andere über, sondern gesteuert von einer Wahrscheinlichkeitsverteilung in eine ganze Schar von Nachrichten, die wir B_i; $i = 1, 2, \ldots , N$ genannt haben. N Nachrichten am Eingang des Kanals entsprechen also N Untermengen von Nachrichten am Ausgang des Kanals. Eine Bestimmung der Eingangsnachricht aus der Ausgangsnachricht ist aber offenbar nur dann möglich, wenn einmal diese Mengen B_i paarweise fremd sind und zum anderen hinreichend viele — in bezug auf die mit großer Wahrscheinlichkeit eintretenden Eingangsnachrichten mehr als diese selbst vorhanden sind und schließlich die Wahrscheinlichkeit für den Schluß auf die Eingangsnachricht hinreichend nahe bei Eins liegt.

Als ersten Schritt hatten wir hier nun den Satz von *McMillan* über die asymptotische Gleichverteilungs-Eigenschaft der ergodischen Quellen. Dieser sagte doch aus, daß die Menge der hochwahrscheinlichen Wörter w_n für hinreichend große n durch

$$\left| \frac{\log q(w_n)}{n} + H_0 \right| < \epsilon; \ \epsilon > 0 \tag{1}$$

gekennzeichnet war. Daraus folgt für die Wahrscheinlichkeit selbst die asymptotische Gleichverteilung

$$q(w_n) > 2^{-n(H_0 + \epsilon)} \tag{2}$$

und damit für die Anzahl der hochwahrscheinlichen Nachrichten der Länge n

$$h < 2^{n(H_0 + \epsilon)}. \tag{3}$$

Der Satz von *Feinstein* ergab nun, daß eine Anzahl N von unterscheidbaren Wörtern $u_i \in A_n$ existierte — für hinreichend großes n wieder — mit den Mengen von Ausgangswörtern $\{B_i;\ i = 1, 2, \ldots, N\}$, die paarweise fremd waren und ferner die Beziehung

$$P(B_i | u_i) > 1 - \delta;\ \ \delta > 0, \text{beliebig klein} \tag{4}$$

erfüllten. Für N galt nun mit der Kanalkapazität C

$$N > 2^{n(C - \delta)}. \tag{5}$$

Für den Fall $H_0 < C$ und hinreichend kleine ϵ, δ ist also sicher

$$h < N \tag{6}$$

und damit eine Codierung der wesentlichen Nachrichten auf die Familie der unterscheidbaren Wörter möglich. Die beiden Sätze von *Shannon* — von ihm zunächst für Nachrichten vom Typ der Markoffschen Ketten bewiesen, von *Chintschin* für den allgemeineren Fall ergodischer Quellen — sagen dann schließlich aus, daß eine solche Codierung der Nachrichten der Quelle in die vom Kanal verarbeitbaren Nachrichten existiert und daß der Informationsverlust dabei noch beliebig klein wird. Die Tragweite dieser Aussagen ist sehr groß, da schließlich bewiesen wurde, daß unter der Bedingung $H_0 < C$ der Kanal beliebig gestört sein kann und trotzdem eine fehlerfreie Übertragung möglich ist.

Literatur

[1] *Ahlswede, R.:* Beiträge zur Shannonschen Informationstheorie im Falle nichtstationärer Kanäle. Z. Wahrscheinlichkeitsth. verw. Geb. 10, 1–42 (1968)

[2] *Bauer, H.:* Wahrscheinlichkeitstheorie und Grundzüge der Maßtheorie. de Gruyter, Berlin 1968

[3] *Borges, R.:* Zur Herleitung der Shannonschen Information. Math. Z. 96, 282–287 (1967)

[4] *Chintschin, A. J.:* Über grundlegende Sätze der Informationstheorie. Uspechi Mat. Nauk 11 (1956), Heft 1, 17–75 (russisch, deutsche Übersetzung in: Arbeiten zur Informationstheorie I, Berlin 1957)

[5] *Chintschin, A. J.:* Der Begriff der Entropie in der Wahrscheinlichkeitsrechnung. Uspechi Mat. Nauk 8 (1953), Heft 3, 3–20 (russisch, deutsche Übersetzung in: Arbeiten zur Informationstheorie I, Berlin 1957)

[6] *Faddejew, D. K.:* Zum Begriff der Entropie eines endlichen Wahrscheinlichkeitsschemas. Uspechi Mat. Nauk 11 (1956), 227–231 (russisch, deutsche Übersetzung in: Arbeiten zur Informationstheorie I, Berlin 1957)

[7] *Feinstein, A.:* A New Basic Theorem of Information Theory. Trans. IRE, PGIT – 4, 2–22 (1954)

[8] *Feinstein, A.:* Foundation of Information Theory. New York 1958

[9] *Jacobs, K.:* Die Übertragung diskreter Informationen durch periodische und fastperiodische Kanäle. Math. Ann. 137, 125–135 (1959)

[10] *Kendall, D. G.:* Functional equations in information theory. Z. Wahrscheinlichkeitsh. verw. Geb. 2, 225–229 (1964)

[11] *Kolmogoroff, A. N.:* Theorie der Nachrichtenübertragung. Moskau 1956 (russisch, deutsche Übersetzung in: Arbeiten zur Informationstheorie I, Berlin 1957)

[12] *Krickeberg, K.:* Wahrscheinlichkeitstheorie. Teubner, Stuttgart 1963

[13] *Lee, P. M.:* On the axioms of information theory. Ann. Math. Statistics 35, 415–418 (1964)

[14] *McMillan, B.:* The Basic Theorems of Information Theory. Ann. Math. Statistics 24, 196–219 (1953)

[15] *Raisbeck, G.:* Information Theory. Massachusetts Institute of Technologie. Cambridge, Mass. and London, England

[16] *Renyi, A.:* Wahrscheinlichkeitstheorie (mit einem Anhang über Informationstheorie). 2. Aufl., Deutscher Verlag der Wissenschaften, Berlin 1966

[17] *Reza, F.:* An Introduction to Information Theory. New York 1961

[18] *Richter, H.:* Wahrscheinlichkeitstheorie. 2. Aufl., Springer, Berlin/Heidelberg/New York 1966

[19] *Rubin, H.:* An elementary treatment of the amount of information in an experiment. Sankhya A 28, 97–98 (1966)

[20] *Schmetterer, L.:* Literaturbericht zur Informationstheorie. Blätter der Deutschen Gesellschaft für Versicherungs-Mathematik IV, 259–266 (1960)

[21] *Schultze, E.:* Einführung in die mathematischen Grundlagen der Informationstheorie. Springer, Berlin/Heidelberg/New York 1969

[22] *Shannon, C. E.:* A Mathematical Theory of Communication. Bell Syst. Techn. J. 27, 379–423 und 623–656 (1948)

[23] *Tveberg, H.:* A new derivation of the information function. Math. Scand. 6, 297–298 (1958)

[24] *Wolfowitz, J.:* Coding Theorems of Information Theory. 2. Aufl., Springer, Berlin 1965

[25] *Zaregradski, I. P.:* Eine Bemerkung über die Durchlaßkapazität eines stationären Kanals mit endlichem Gedächtnis. Theorie der Wahrsch. u. ihrer Anwendgn. III (1), 84–96 (1958) (russisch, deutsche Übersetzung in: Arbeiten zur Informationstheorie II, Berlin 1958)

[26] *Zemanek, H.:* Elementare Informationstheorie. R. Oldenbourg, Wien/München 1959

Namen- und Sachwortverzeichnis

vieweg paperbacks

Aktuell, fundiert, richtungsweisend — erschwinglich für jedermann. Der beste Beweis für wirklich gute und gleichzeitig preiswerte Fachliteratur. Auch Ihr Interessengebiet ist dabei. Am besten gleich auswählen und bestellen.

WTB -
Wissenschaftliche Taschenbücher

Allgemeine Pharmakognosie I von E. Teuscher	DM 9,80
Allgemeine Pharmakognosie II von E. Teuscher	DM 9,80
Einführung in die physikalischen Grundlagen der Kernenergiegewinnung von F. R. Kessler	DM 6,80
Eiweiße und Nucleinsäuren als biologische Makromoleküle – Dynamische Biochemie I von E. Hofmann	DM 9,80
Elementare Methoden zur Lösung von Differentialgleichungsproblemen von H. Goering	DM 6,80
Elementarteilchen von A. A. Sokolow	DM 4,80
Elektronenröhren (Elektronik für den Physiker II) von H. Pfeifer	DM 9,80
Grundleiter-Elektronik (Elektronik für den Physiker VI) von H. Pfeifer	DM 9,80
Grundzüge der Relativitätstheorie von A. Einstein	DM 9,80
Kinetische Theorie I von S. G. Brush	DM 14,80
Kinetische Theorie II von S. G. Brush	DM 14,80
Komplexe Veränderliche von J. Kuntzmann	ca. DM 9,80
Lasertheorie I von H. Paul	DM 9,80
Lasertheorie II von H. Paul	DM 9,80
Leitungen und Antennen (Elektronik für den Physiker IV) von H. Pfeifer	DM 9,80
Lichtgeschwindigkeit von J. H. Sanders	DM 12,80
Magnetochemie von W. Haberditzl	DM 7,80
Mathematische Hilfsmittel in der Physik I von G. Heber	DM 6,80
Mathematische Hilfsmittel in der Physik II von G. Heber	DM 6,80
Mikrowellenelektronik (Elektronik für den Physiker V) von H. Pfeifer	DM 9,80
Pharmakognosie I von E. Teuscher	DM 9,80
Pharmakognosie II von E. Teuscher	DM 9,80
Plasmaphysik I von F. Cap	DM 9,80
Quantentheorie von D. ter Haar	DM 13,80
Relativität und Kosmos von H.-J. Treder	DM 6,80
Schaltungen mit Elektronenröhren (Elektronik für den Physiker III) von H. Pfeifer	DM 9,80
Spektroskopische Methoden in der organischen Chemie von R. Borsdorf / M. Scholz	DM 7,80
Systeme von Differentialgleichungen von J. Kuntzmann	ca. DM 9,80
Theorie linearer Bauelemente (Elektronik für den Physiker I) von H. Pfeifer	DM 9,80
Über den Ablauf organisch-chemischer Reaktion von S. Hauptmann	DM 9,80
Über die spezielle und die allgemeine Relativitätstheorie von A. Einstein	DM 7,80
Unendliche Reihen von J. Kuntzmann	ca. DM 9,80
Varianzanalyse von H. Ahrens	DM 9,80
Wellenmechanik von G. Ludwig	DM 12,80

uni—text /Studienbücher

Einführung in die Elektrotechnik I von R. Jötten / H. Zürneck	DM 9,80
Einführung in die Regelungstechnik: Lineare Regelvorgänge von W. Leonhard	DM 9,80
Einführung in die Regelungstechnik: Nichtlineare Regelvorgänge von W. Leonhard	DM 9,80
Gruppentheorie von K. Mathiak / P. Stingl	DM 9,80
Mechanik von L. D. Landau / E. M. Lifschitz	DM 9,80
Mechanik I: Grundbegriffe – Kinematik – Statik von K.-A. Reckling	DM 9,80
Mechanik II: Festigkeitslehre von K.-A. Reckling	DM 9,80
Mechanik III: Kinetik und Schwingungen von K.-A. Reckling	DM 9,80
Organisch-Chemisches Praktikum für das Grundstudium von G. Kempter	DM 9,80
Praktikum elektrische Meßtechnik von G. Frühauf	DM 12,80
Rechenseminar in physikalischer Chemie von K. Torkar / H. Krischner	DM 9,80
Wechselströme und Netzwerke von W. Leonhard	DM 9,80

vieweg paperbacks

uni—text /Lehrbücher

Aufgaben zur Atomphysik von B. E. Irodov	DM 14,80
Aufgaben zur Experimentalphysik von W. Czech	DM 12,80
Aufgabensammlung zur Halbleiterphysik von W. L. Bontsch-Brujewitsch u. a.	DM 14,80
Einführung in die höhere Mathematik von H. Dallmann / K. H. Elster	DM 39,50
Einführung in die moderne Chemie von M. J. S. Dewar	DM 19,80
Einführung in die Theorie der elektrischen Maschinen I von F. G. Taegen	DM 19,80
Elektromagnetische Wellen I von H.-G. Unger	DM 17,80
Elektromagnetische Wellen II von H.-G. Unger	DM 13,80
Elektronische Bauelemente und Netzwerke I von H.-G. Unger / W. Schultz	DM 17,80
Elektronische Bauelemente und Netzwerke II von H.-G. Unger / W. Schultz	DM 17,80
Energieverteilung von H. Lau / W. Hardt	DM 14,80
Grundlagen der Funktionentheorie von W. Tuschke	DM 13,80
Grundpraktikum der organischen Chemie von E. Poulsen Nautrup	DM 7,80
Grundzüge der projektiven Geometrie von N. W. Efimow	DM 9,80
Halbleiterphysik I von D. Geist	DM 17,80
Halbleiterphysik II von D. Geist	DM 19,80
Laplace Transformationen von J. Holbrook	DM 24,80
Methoden der Fehler- und Ausgleichsrechnung von R. Ludwig	DM 18,50
Physikalische Chemie I von G. M. Barrow	DM 19,80
Physikalische Chemie II von G. M. Barrow	ca. DM 19,80
Physikalische Grundlagen der Hochfrequenztechnik von E. Meyer / R. Pottel	DM 32,50
Physikalische und technische Akustik von E. Meyer / E.-G. Neumann	DM 32,00
Plasma und Lichtbogen von W. Rieder	DM 14,80
Quantenelektronik von H.-G. Unger	DM 9,80
Sexualität von C. Houillon	DM 9,80
Strömungsmeßtechnik von W. Wuest	DM 22,50
Theorie der Leitungen von H.-G. Unger	DM 14,80
Über die Grundlagen der Geometrie von N. W. Efimow	DM 9,80
Vorstufe zur höheren Mathematik von S. G. Krein / V. N. Uschakova	DM 7,80
Der Wald – Begründung, Aufbau und Erhaltung von J. Barner	DM 12,80
Werkstoffkunde für Elektroingenieure von P. Guillery	ca. DM 12,80
Die Zelle von M. Durand / P. Favard	DM 16,80

uni—text /Skripten

Asynchronmaschinen von H. Jordan / M. Weis	DM 7,80
Dielektrische und magnetische Eigenschaften der Werkstoffe von W. Schultz	DM 7,80
Einführung in die Programmiersprache FORTRAN IV von G. Lamprecht	DM 9,80
Einführung in die Quantenmechanik von W. Schultz	DM 7,80
Synchronmaschinen I von H. Jordan / M. Weis	DM 6,80
Praktikum in Werkstoffkunde von E. Macherauch	DM 14,80

RA-Reihe Automatisierungstechnik

ALGOL 60 – Eine Sprache für Rechenautomaten von Ch. Andersen	DM 6,40
Anwendungen des Frequenzkennlinienverfahrens von P. Wolff	DM 6,40
Anwendung lichtelektrischer Empfänger von H. Greif	DM 6,40
Aufbau und Einsatz von Prozeßrechnern von H. Pankalla	DM 6,40
Aufgabensammlung Regelungstechnik von G. Hartmann	DM 6,40
Automatisierung und Berufsbildung in der DDR von Draeger	DM 6,40
Automatisierungsanlagen von R. Müller	DM 6,40
Bauelemente der Industriepneumatik von L. Mikutta / H. Hennig / M. Janke	DM 6,40
Betriebsmeßwesen von M. Schroedter / J. Meyer	DM 6,40
BMSR-Einrichtungen in explosionsgefährdeten Betriebsstätten von H. Dutschke und K. Grebenstein	DM 6,40
Digitale Kleinrechner von G. Schubert	DM 6,40
Dimensionierung stetiger linearer Regelkreise für die Praxis von V. Strejc	DM 6,40
EDV – Grundstufe der COBOL-Programmierung von D. Bär	DM 6,40
EDV – Oberstufe der COBOL-Programmierung von D. Bär	DM 6,40
EDV – Praxis der COBOL-Programmierung von D. Bär	DM 6,40
Einführung in die Schaltalgebra von D. Bär	DM 6,40
Elektrische Wägetechnik von H. Finger	DM 6,40
Elektronenstrahl-Oszillografie in der Automatisierungstechnik von R. Kautsch	DM 6,40
Elektronische Bausteinsysteme der Digitaltechnik von H. Gottschalk	DM 6,40

vieweg paperbacks

vieweg paperbacks

Studienausgaben

Abriß der Geschichte der Mathematik
von D. J. Struik — DM 12,80

Atomare Struktur und Festigkeit der Metalle
von N. F. Mott — DM 3,80

Atomphysik und menschliche Erkenntnis I
von N. Bohr — DM 11,80

Atomphysik und menschliche Erkenntnis II
von N. Bohr — DM 14,80

Aufgabensammlung zur Vektorrechnung
von A. Wittig — DM 6,80

Bildungsaufgaben des physikalischen Unterrichts
von E. Hunger — DM 9,80

Die biologischen Grundlagen des Lebens
von C. H. Waddington — DM 10,80

Denkweisen großer Mathematiker
von H. Meschkowski — DM 7,80

Differentialgeometrie in Vektorräumen
von D. Laugwitz — DM 16,00

Der dritte Hauptsatz der Thermodynamik
von J. Wilks — DM 10,80

Einführung in die diskreten Markoff-Prozesse und ihre Anwendungen
von H. Lahres — DM 12,80

Einführung in die formale Logik
von G. Harbeck — DM 9,80

Einführung in die Vektorrechnung
von A. Wittig — DM 6,80

Elementare Wellenmechanik
von W. H. Heitler — DM 12,80

Erscheinungsformen und Gesetze des Zufalls
von W. Böhme — DM 9,80

Geist und Materie
von E. Schrödinger — DM 10,80

Grundgesetze der Physik
von A. Haendel — DM 8,90

Die Grundlagen des physikalischen Begriffssystems
von W. H. Westphal — DM 5,60

Vom Haushalt der Zelle
von J. A. V. Butler — DM 12,80

Klassische Wahrscheinlichkeitsrechnung
von K Wellnitz — DM 5,40

Kleines Lehrbuch der Elektrotechnik
herausgegeben von G. K. M. Pfestorf
Band I: Gleichstrom — DM 7,50
Band II: Wechselstrom — DM 7,50
Band III: Elektrische und magnetische Felder als Grundlage der Elektrotechnik — DM 14,80
Band IV: Wechselstromlehre I — DM 7,50
Band V: Wechselstromlehre II — DM 7,50
Band VI: Lichttechnik — DM 7,90

Kombinatorik
von K. Wellnitz — DM 4,80

Lichttechnik
von J. Rieck — DM 9,80

Mathematische Leckerbissen
von C. S. Ogilvy — DM 9,80

Mathematische Rätsel und Probleme
von M. Gardner — DM 11,80

Der Mensch und die naturwissenschaftliche Erkenntnis
von W. H. Heitler — DM 9,80

Moderne Leichtbautechnik im Flugzeugbau
von G. Otto — DM 12,80

Moderne Wahrscheinlichkeitsrechnung
von K. Wellnitz — DM 7,80

Die naturwissenschaftliche Erkenntnis
von E. Hunger
Band 1 – Begriff und Methode — DM 4,90
Band 2 – Der Mensch und die Naturwissenschaft — DM 4,90
Band 3 – Prinzipienfragen der naturwissenschaftlichen Erkenntnis — DM 4,90

Nichteuklidische Geometrie
von H. Meschkowski — DM 5,80

Die physikalische Erkenntnis und ihre Grenzen
von A. March — DM 12,80

Physikalische Kernchemie
von U. Schindewolf — DM 12,80

Symbole, Einheiten und Nomenklatur in der Physik
Document U.I.P. (IUPAP) — DM 4,80

Unterhaltsame Mathematik
von R. Sprague — DM 7,80

Vektoren in der analytischen Geometrie
von A. Wittig — DM 6,80

Was sind und was sollen die Zahlen? Stetigkeit und irrationale Zahlen
von R. Dedekind — DM 6,80

Wendepunkte in der Physik
von D. ter Haar und A. C. Crombie — DM 9,80

Weitere Paperback-Ausgaben

Aktuelle wissenschaftstheoretische Aspekte der Hochschuldidaktik
von H. Seiffert — DM 8,80

Aufstieg der wissenschaftlichen Philosophie
von H. Reichenbach — DM 18,50

Bedeutung und Begriff
von S. J. Schmidt — DM 18,50

Boolesche Algebra und ihre Anwendung
von J. E. Whitesitt — DM 11,80

Boolesche Funktionen und Postsche Klassen
von S. W. Jablonski / G. P. Gawrilow / W. B. Kudrjawzew — DM 12,80

Chemische Thermodynamik
von W. Wagner — DM 6,80

Einführung in die moderne Mathematik
von A. Monjallon — DM 14,80

Grundlagen der Regelungstechnik
von E. Pestel / E. Kollmann — DM 22,50

Mehrwertige Logik
von A. Sinowjew — DM 10,80

Programmierte Einführung in die Wahrscheinlichkeitsrechnung
von D. Stempell — DM 16,50

Strukturale Semantik
von A. J. Greimas — DM 19,80

Über mehrwertige Logik
von A. A. Sinowjew — DM 10,80

Was ist Wissenschaft?
von R. Wohlgenannt — DM 18,50